不確定環境下的機器調度
問題研究

聶玲 著

財經錢線

前　言

　　製造企業將原料、勞動力、機器以及能量轉化為產品。轉化的效率決定企業能否在當今競爭日益激烈的市場環境下存活。機器調度，作為將生產計劃轉化為生產活動的最後一步，是生產成本與服務水平的主要決定因素。混亂的調度會造成資源的浪費，增加生產成本，降低企業的市場競爭力，還可能延誤訂單，使得顧客滿意度下降，影響企業的未來發展。因此合理有效地安排機器調度對生產效率和生產控制極其重要。

　　在製造企業系統內的實際生產過程中，隨著使用時間的持續增加，機器將會產生磨損、腐蝕等，如果不及時維護、更換，就會使機器快速衰退，以至於停機無法生產，導致企業需要付出額外的高昂停機成本，從而導致製造總成本增加，甚至可能因為停機而需要重新調整生產作業計劃與派工，這樣會進一步造成出貨時間和交貨時間延遲，使顧客的滿意度降低，影響企業未來的發展。據資料統計，現代製造企業系統內，因故障維修和停機產生的損失費用已經占全部生產成本的30%~40%。有些行業的維修費用已經躍居全部生產成本的第二位，甚至更高。一般製造企業的維護成本是由會計步驟確定的，它的額度通常占據總營運成本的大部分。在歐美發達國家，傳統的維護成本在過去幾十年內迅猛增加。20世紀80年代，美國的製造企業花費在維護他們關鍵裝置系統上

的成本就已經超過了6,000億美元。而到了20世紀90年代，這一類的維護成本已經超過了8,000億美元；在21世紀伊始，維護成本更是急遽上升至1.2萬億美元。相關數據表明，如果維護管理方法有效，這些維護成本的1/3到1/2是可以避免被浪費掉的。因此，採取有效的手段來保證機器正常運行是十分必要的。目前，製造企業系統內主要採取的措施是對機器實施維護管理，包括維修以及定期維護，以確保機器能夠正常運行，從而降低或避免機器停機帶來的損失，保證生產效率。

隨著科技的發展和社會的進步，製造業的發展已經跨入了後大量生產時期。不同客戶對產品的需求呈現出個性化和多樣化的趨勢，客戶對產品的不同需求致使產品的更新速度加快，結構趨於複雜。因此，在組織新產品的生產調度時，因無法精確把握加工時間，只能通過類似的加工經驗以及實際的加工狀況，將產品的加工估計為在一定區間變化的模糊變量。例如，某電飯鍋廠商常根據客戶對鍋的實際操作、飯菜味道等調整產品設計，因此，零件的成型週期（加工時間）變為一個模糊變量。目前，對於加工時間不確定的機器調度問題的研究，學者們一般都將加工時間視為隨機變量。然而，如果將上述人類主觀因素考慮進去，加工時間被理解為模糊的變量則更接近於生產實際。同時，在模糊模型中可以非常方便地計算出模糊變量迭加的聯合隸屬函數。而對於隨機變量迭加的聯合隨機函數，只有當隨機變量服從均勻分佈時才容易計算得到，如果隨機變量是其他分佈時，則幾乎無法計算。

因此，在廣泛吸收和借鑑已有研究的基礎上，本書以不確定理論為研究工具，對模糊環境下考慮維護時間的機器調度問題進行研究。全書

主體共分為六個部分，具體如下：

第一部分為導論，介紹了研究背景、考慮維護時間的機器調度問題與模糊環境下的機器調度問題的研究現狀，然後通過文獻綜述對國內外的相關研究進行了總體評述，在此基礎上提出了研究框架。

第二部分為理論基礎，概述了研究所涉及的調度理論、模糊型不確定理論、可靠性理論以及智能算法基礎知識。

第三部分針對模糊加工時間彈性維護的單機調度問題，採用威布爾分佈函數描述機器在運行過程中發生故障的時間的隨機性，推導了機器故障概率與故障發生時間之間的關係方程，引入帶樂觀-悲觀指標的期望算子對模糊參數進行清晰化處理。根據模型的特點，本書設計了基於二進制編碼與序列編碼相結合的具有加權適應度的多目標遺傳算法，並以某車橋廠為案例進行了計算分析。結果證明了模型和算法的優化的有效性。通過單獨考慮維護計劃與生產計劃的比較，我們發現聯合考慮維護計劃與生產計劃對提高製造企業的整體效率是可行和有效的。

第四部分針對模糊加工時間彈性維護的異序作業調度問題，運用模糊集的理論建立了相應的調度模型。針對該複雜模型，給出了基於化學反應算法和模擬退火搜索算法的混合智能算法的框架。由於此模型中存在模糊因素，因此對化學反應算法的四種基元反應做了相應的改進，同時增加了一種有效的交叉操作算子。單純地依靠某一種算法，容易陷入局部最優。本部分在化學反應算法的局部搜索過程中加入模擬退火搜索算法，進一步提高了算法性能。通過分析某車橋廠車橋加工過程的案例的比較結果證明了化學反應-模擬退火搜索算法的尋優能力。大規模加

工時間模糊維護時間可調的異序作業車間調度問題的試驗結果驗證了算法求解大規模問題的能力。

第五部分針對模糊隨機時間窗的單機調度問題，採用模糊隨機變量來描述維護時間窗的模糊性與隨機性，並綜合考慮決策者對生產計劃的加權完工時間和以及維護計劃的時效性的雙重目標。此問題是一個NP難的問題，無法用精確算法得出最優解。根據模型的特點，本書提出將FFD規則與加權最短加工時間優先（WSPT）規則相結合的改進全局-局部-臨近點粒子群算法（GLNPSO-ff）。通過單純考慮模糊性與隨機性的實例分析比較，我們發現綜合考慮模糊隨機更接近實際。通過傳統遺傳算法以及經典粒子群算法的比較，結果證明了GLNPSO-ff算法的有效性和科學性。

第六部分為結論與展望，首先針對本研究的主要結論進行了提煉，並對研究過程、研究工作、研究內容、研究結論等存在的不足進行思考和總結，其次對該課題的未來研究進行了展望。

本書的主要創新之處是：

（1）本書聯合考慮了機器調度問題中的模糊因素與維護因素。通過文獻分析發現，偏向於模糊環境下的調度問題以及考慮維護時間的調度問題的研究居多。絕大部分單純考慮模糊因素或者維護因素的機器調度問題難以在多項式時間內求得最優解，而綜合這兩個因素到同一個調度問題的求解難度更大，因此與此問題相關的文獻也特別少。本書給出了三個綜合考慮模糊性與機器維護的調度模型，並給出了相應的智能算法，為製造企業等決策者提供瞭解決辦法。

（2）本書綜合研究了彈性維護計劃與生產計劃的聯合優化模型。通過模糊加工時間彈性維護活動的單機調度問題，模糊加工時間彈性維護活動的異序作業調度問題以及模糊隨機維護時間窗的單機調度問題研究，結果表明聯合考慮生產計劃與維護計劃的調度優化更加符合製造企業的生產情況。

（3）本書綜合考慮了彈性維護時間窗的模糊性與隨機性。隨著機器的精益化，對機器的維護與修理的維修工人的要求越來越高，因此普通生產線上的工人往往無法完成機器的維護工作。這就要求機器的提供方派出專業的維修工人按照制訂好的維護計劃對機器實施維護。因此，在維護時間窗的設置上同時存在隨機性與不確定性。本書通過研究單機情形下的模糊隨機維護時間窗問題，給出了相應的優化算法以及優化結果，表明考慮模糊隨機的現象是十分必要的。

聶玲

目 錄

1 導論 / 1

    1.1 研究背景 / 2

    1.2 研究現狀 / 13

        1.2.1 模糊時間的機器調度問題 / 13

        1.2.2 考慮維護時間的機器調度問題 / 22

    1.3 研究思路 / 41

    1.4 研究內容 / 43

2 理論基礎 / 46

    2.1 調度理論 / 46

    2.2 模糊理論 / 48

    2.3 智能算法 / 56

        2.3.1 遺傳算法 / 56

        2.3.2 粒子群算法 / 60

        2.3.3 化學反應算法 / 63

3 模糊加工時間彈性維護活動的單機調度問題 / 69

    3.1 問題簡介 / 70

3.2 模型構建 / 73

3.3 MOHGA 算法 / 80

 3.3.1 編碼方式 / 80

 3.3.2 精英策略 / 82

 3.3.3 交叉與變異 / 83

 3.3.4 選擇操作 / 86

 3.3.5 總體流程 / 86

3.4 算例分析 / 88

 3.4.1 算例描述 / 89

 3.4.2 算法分析 / 97

3.5 小結 / 98

4 模糊加工時間彈性維護活動的異序作業調度問題 / 99

4.1 問題介紹 / 99

4.2 模型架構 / 102

4.3 CRO-SA 算法 / 106

 4.3.1 基本操作 / 106

 4.3.2 框架流程 / 115

4.4 算例解析 / 116

 4.4.1 結果比較 / 119

 4.4.2 算法評價 / 122

4.5 小結 / 123

5 模糊隨機維護時間窗的單機調度問題 / 124

5.1 問題描述 / 125

5.2 模型創建 / 128

5.2.1 決策目標 / 129

5.2.2 模型約束 / 134

5.2.3 匯總模型 / 134

5.3 GLNPSO-ff 算法 / 135

5.3.1 更新機制 / 136

5.3.2 總體框架 / 139

5.4 算例剖析 / 140

5.4.1 典型算例 / 140

5.4.2 多數值比較 / 150

5.5 小結 / 153

6 結論與展望 / 154

6.1 主要工作 / 155

6.2 本書創新點 / 156

6.3 後續研究 / 158

參考文獻 / 160

1 導論

在當今快速變化的全球市場，為了減少工件的加工時間和保持高效準時的交貨性能，所有的公司都面臨越來越大的壓力。因此，有效的機器調度是實現這些目標的關鍵。機器調度問題是一類典型的組合優化問題，不僅在製造企業有著廣泛的實際意義，在公共事業管理、信息處理等方面也有著大量的應用。再加上由於機器調度問題與計算機科學理論以及離散組合數學的聯繫密切，因此不僅是運籌學、管理學、計算機科學以及工程學界也對機器調度問題給予了極大的關注。近幾十年來，研究人員已經在機器調度技術方面取得了實質性的進步。然而，由於大多數機器調度問題是 NP 困難的，即完成解決方案的時間隨著規模的增加呈指數增長，在有效時間內尋找到最佳的解決方案仍然是一個艱鉅的任務。而且隨著對經典的機器調度問題的深入研究，大量更具有實際應用背景的新型機器調度問題不斷湧現。由於隨著機器的使用時間持續增加，機器會產生磨損、腐蝕，進而導致機器快速衰退甚至停機。因此，對於製造企業的決策者而言，合理給機器安排維護計劃是十分必要的。另外現實生產中普遍存在著不確定因素，這使得機器調度問題求解的難度大幅度增加，同時也使得傳統機器調度理論與實際脫節。因此，如何在綜合考慮不確定性的情況下合理安排生產計劃與維護計劃的機器調度問題，有著重要的現實意義。導論部分將介紹本書的研究背景，回顧機器調度問題、維護計劃及模糊環境的研究進展，進而給出本書的研究思路和研究框架。

1.1 研究背景

調度問題起源於第二次世界大戰，隸屬於組合優化問題，有著廣泛的實際應用背景，例如工程技術、管理科學、計算機科學等。早期的調度問題主要來自機器製造行業，但是在現如今的實際生活中，也有著許許多多的抽象化的調度問題。例如，病人看病問題中，病人便是「工件」，醫生就是「機器」①。此時調度理論中的「機器」和「工件」就從「車床」「螺絲」等具體事物中抽象出來的，是一種抽象的概念。同樣調度理論中的「機器」可以是機場跑道、醫生、計算機 CPU、數控機床等；相應地，「工件」就是降落的飛機、病人、計算機終端、零件等。

在調度理論的發展歷程中，生產調度問題分為現代機器調度問題（modern machine scheduling problem）和經典機器調度問題（classical machine scheduling problem）。

1993 年，Lawler 和 Lenstra 等通過對比分析，總結出了經典機器調度問題的 4 個基本假設②。具體內容如下：

（1）資源的類型。機器是加工工件所需要的一種資源。在經典機器調度問題中，必須假設一臺機器在任何時刻最多只能加工一個工件；同時還須假設，一個工件在任何時刻至多在一臺機器上被加工。

（2）確定性。在經典機器調度問題中，必須假設決定調度問題的一個實例的所有（輸入）參數都是事先知道的和完全確定的。

---

① 唐國春.排序論基本概念綜述［J］.重慶師範大學學報（自然科學版），2012，29(4)：1-11.

② Lawler E L, Lenstra J K, Kan A H R, et al. Sequencing and scheduling: Algorithms and complexity［J］. Handbooks in Operations Research and Management Science, 1993, 4: 445-522.

（3）可運算性。經典機器調度問題是在可以運算的基礎上研究調度問題，對於工件的交貨期如何確定以及機器與配備機器如何購置等在技術上可能發生的問題沒有加以考慮。

（4）單目標和正則性。在經典機器調度問題中，假設調度問題的目標函數是關於工件完工時間的非降函數（即正則性），並且目的是單個目標函數的最小化（即單目標性）。

針對經典機器調度問題假設的局限性，Brucker 和 Werner 提出了現代機器調度這一新的定義，也稱之為新型機器調度（new classes of scheduling problems）[1]。在確定性這一假設上突破的有可控調度、隨機調度以及模糊調度等。作為經典機器調度單目標和正則性基本假設的突破，有準時調度、多目標調度和窗時調度等。本書討論的是模糊環境下考慮維護時間的機器調度問題，考慮了實際應用中相關不確定情況和因素，突破了經典機器調度問題中確定性與單目標性的假設。

1. 模糊調度問題

隨著科技的發展和社會的進步，製造業的發展已經跨入了後大量生產（post mass production）時期。不同客戶對產品的需求呈現出個性化和多樣化的趨勢，客戶對產品的不同需求致使產品的更新速度加快，結構也趨於複雜。因此，在新產品的生產調度時，無法精確把握加工時間，只能通過類似的加工經驗以及實際的加工狀況，將產品的加工估計為在一定區間變化的模糊變量。例如，某電飯鍋廠商常根據客戶對鍋的實際操作、飯菜味道等調整產品設計，因此，零件的成型週期（加工時間）變成了一個模糊變量。目前，對於加工時間不確定的機器調度問題的研究，學者們一般都將加工時間視為隨機變量。然而，如果將上述主觀因素考慮進去，加工時間被理解為模糊的變量則更接近於生產實際。同時，在模糊模型中可以非常方便地計算出模糊變量迭加的聯合隸屬函

---

[1] Brucker P, Werner F. Complexity of shop-scheduling problems with fixed number of jobs: a surey [J]. Mathematical Methods of Operations Research 2007, 65 (3): 461-481.

數。而對於隨機變量迭加的聯合隨機函數，只有當隨機變量服從均勻分佈時才容易計算得到，如果隨機變量是其他分佈時，則幾乎無法計算。

20世紀70年代，Prade最早將模糊集理論應用到調度問題中[①]。隨後學者們將模糊數學規劃引入調度領域，由此便產生了調度領域的一個新的分支——模糊調度。隨著模糊數學的發展以及模糊數學規劃思想在調度領域的成功應用，有關模糊交貨期、模糊加工時間的模糊調度問題已成為研究的熱點。迄今為止，研究者們就模糊環境下的調度問題開展了許多研究[②]。從現有的文獻來看，有關流水車間的模糊調度問題研究得較多，但也主要集中於模糊交貨期方面，而關於模糊加工時間的研究卻較少。吳悅、汪定偉研究了加工時間為模糊區間數的單機提前/拖期調度問題[③]；王成堯等研究了多個工件迭加的聯合隸屬函數所對應的性質，並根據這些性質研究了一種單機模糊加工時間的調度模型[④]；唐國春就模糊加工時間排序問題的性質進行了研究[⑤]；王成堯、汪定偉研究了單機模糊加工時間下最遲開工時間調度問題，並針對特殊情況給出了問題的最優解，對一般情況給出了一個最優解的必要條件[⑥]；F. Lin研究了模糊加工時間下的單件作業車間調度問題，他的主要工作是對確定型單件作業車間調度問題的模糊化進行研究[⑦]；Wang等研究了模糊加

[①] Prade H. Using fuzzy set theory in a scheduling problem: a case study [J]. Fuzzy Sets and Systems, 1979, 2 (2): 153-165.

[②] Lam S, Cai X. Single machine scheduling with nonlinear lateness cost func tions and fuzzy due dates [J]. Nonlinear Analysis: Real World Applications, 2002, 3 (3): 307-316.

[③] 吳悅, 汪定偉. 用模擬退火法解任務的加工時間為模糊區間數的單機提前/拖期調度問題 [J]. 信息與控制, 1998, 27 (5): 394-400.

[④] 王成堯, 高麟, 汪定偉. 模糊加工時間調度問題的研究 [J]. 系統工程學報, 1999, 14 (3): 238-242.

[⑤] 唐國春. 排序, 經典排序和新型排序 [J]. 數學理論與應用, 1999, 19 (3): 16-21.

[⑥] 王成堯, 汪定偉. 單機模糊加工時間下最遲開工時間調度問題 [J]. 控制與決策, 2000, 15 (1): 71-74.

[⑦] Lin F. A job-shop scheduling problem with fuzzy processing times [J]. Computational Science, 2001, 409-418.

工時間下準備時間的單機調度問題[①]；Peng 和 Liu 研究了模糊加工時間下的並行機調度問題[②]。就目前來看，有關模糊加工時間的調度問題大部分還只是停留在描述性研究階段。在不確定環境中，除了工件的加工時間不確定外，工件的工期、加工能力、機器環境等也可以用模糊變量來描述[③]，如圖 1-1 所示。時間參數有模糊加工時間和模糊工期，決策變量有模糊開始時間和模糊完工時間，對目標函數的評價有模糊時間表長的積分值、不確定性、期望值以及滿意度。本書考慮的便是模糊加工時間的機器調度問題。在實際生產中，一個工件在機器上的加工時間往往具有一定的模糊性。比如，工件的加工時件可能不是剛好 25 分鐘，而是「25 分鐘左右」，並且決策者知道，工件的加工時間不大於 23 分鐘或者不小於 27 分鐘的情況是不存在的。此時，決策者便可以用三角模糊數（23，25，27）來近似表示這個工件「25 分鐘左右」的加工時間[④]。

2. 考慮維護時間的機器調度問題

在製造企業系統內的實際生產過程中，隨著使用時間的持續增加，機器將會產生磨損、腐蝕等。如果不及時維護、更換，機器便很容易快速衰退，以至於停機無法生產，導致企業需要付出額外的高昂停機成本，從而使製造總成本增加，甚至可能因為停機而需要重新調整生產作業計劃與派工，這樣進一步造成出貨時間、交貨時間延遲，使得顧客的

[①] Wang C, Wang D, Ip w, et al. The single machine ready time scheduling problem with fuzzy processing times [J]. Fuzzy sets and systems, 2002, 127 (2): 117-129.

[②] Peng J, Liu B. Parallel machine scheduling models with fuzzy processing times [J]. Information Sciences, 2004, 166 (1): 49-66.

[③] Mok P, Kwong C, Wong W K. Optimisation of fault-tolerant fabric-cutting schedules using genetic algorithms and fuzzy set theory [J]. European Journal of Operational Research, 2007, 177 (3): 1876-1893.

[④] 唐國春. 排序，經典排序和新型排序 [J]. 數學理論與應用，1999, 19 (3): 16-21.

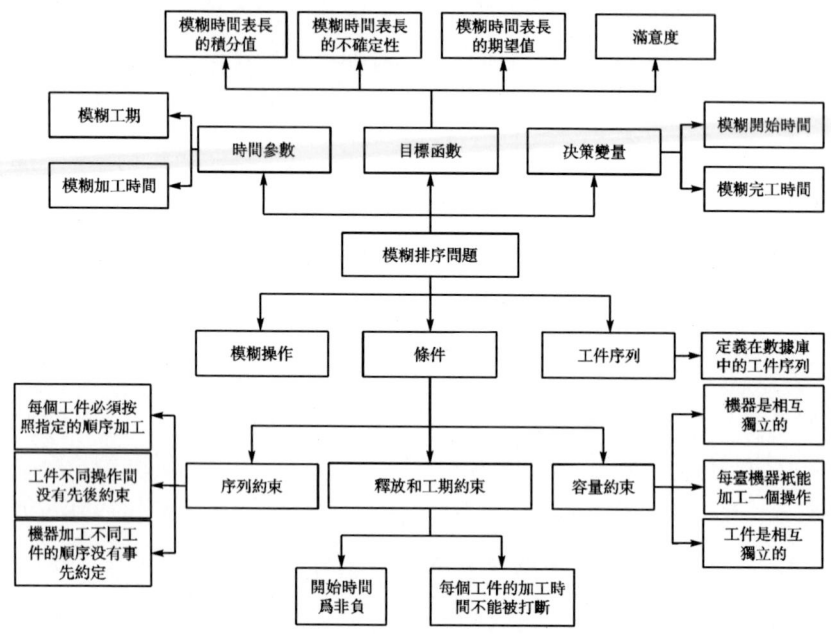

圖 1-1　模糊環境下的機器調度問題分類

滿意度降低，影響企業未來的發展[①]。據資料統計，現代製造企業系統內，因故障維修和停機產生的損失費用已經占全部生產成本的 30%～40%。甚至有些行業的維修費用已經躍居全部生產成本的第二位，甚至更高[②]。一般製造企業的維護成本是由會計步驟確定的，它的額度通常占據總營運成本的大部分。在歐美發達國家，傳統的維護成本在過去幾十年內迅猛增加。20 世紀 80 年代，美國的製造企業花費在維護他們關鍵裝置系統上的成本就已經超過了 6,000 億美元。而到了 20 世紀 90 年代，這一類的維護成本已經超過了 8,000 億美元；在 21 世紀伊始，維護成本更是急遽上升至 1.2 萬億美元。相關數據表明，如果維護管理方

---

① Pan E, Liao W, Zhuo M. Periodic preventive maintenance policy with infinite time and limit of reliability based on health index [J]. Journal of Shanghai Jiaotong University (Science), 2010, 15: 231-235.

② 希勝. 以可靠性為中心的維修決策模型 [M]. 北京: 國防工業出版社, 2007.

法有效，這些維護成本的 1/3 到 1/2 是可以避免被浪費掉的，這在一定程度上可大大提高企業的市場競爭力。因此，採取有效的手段來保證機器正常運行是十分必要的。目前，製造企業系統內主要採取的措施是對機器實施維護管理，包括維修以及定期維護，以確保機器能夠正常運行，從而降低或避免機器的停機損失，保證生產效率[1][2]。

為了降低機器的停機風險和維護成本，從而保證生產效率，對機器運行過程進行研究是必須的。通過對機器的運行機制以及生產計劃的研究，制定有效而又合理的維護策略，從而可以最大限度地保證機器能夠正常運行，減少維護成本，增加企業利潤。機器維護策略，指的是在一定時間域內對機器進行維護的一組行為集合，主要是針對預期設定的目標，通過考量一定的安全、經濟、技術等因素來規定對機器或工件進行的維護方式和程度。1960 年，Barlow 和 Hunter 首先提出一類機器週期置換策略[3]，根據不同的故障分佈積分求解出不同的解決方案。隨後，不少學者將關注點集中到對機器的維護策略的研究，從而為保證企業的生產效率、降低製造成本、增加系統整體利用率提供了強有力的學術支持。因此，合理且有效的機器維護策略的制定不僅可以滿足製造企業的生產效率和成本的要求，同時也已成為製造科學中的重要課題之一。由於機器環境的不同，不同類型的帶有維護時間的機器調度問題之間的關係如圖 1-2 所示。

機器維護工作分為事後維護（corrective maintenance）和預防維護（preventive maintenance）兩大類。事後維護針對的是出現故障後的恢復性維護工作。預防維護則是為了保持機器良好運行狀態的預防性維護

---

[1] 廖雯竹, 潘爾順, 奚立峰. 基於設備可靠性的動態預防維護策略 [J]. 上海交通大學學報, 2009, 43 (8): 1332-1336.

[2] Ji M, He Y, Cheng T E. Single-machine scheduling with periodic maintenance to minimize makespan [J]. Computers & Operations Research, 2007, 34 (6): 1764-1770.

[3] Barlow R, Hunter L. Optimum preventive maintenance policies [J]. Operations research, 1960, 8 (1): 90-100.

8 | 不確定環境下的機器調度問題研究

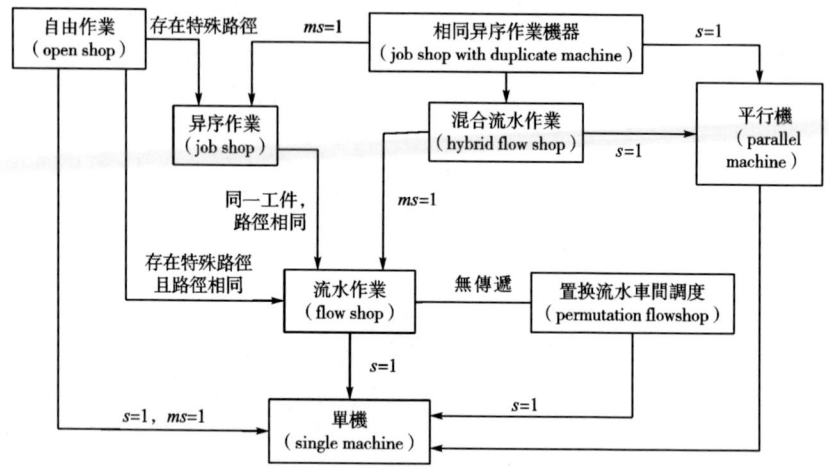

圖 1-2　考慮維護時間的機器調度問題關係圖

工作。

（1）事後維護

這一類維護主要是指在機器發生故障後對機器進行的全部維護活動。事後維護其實是一種被動的行為，它只是機器發生故障或者停機時才進行維護，因此沒有計劃性。

（2）預防維護

維護的主要目的是預防故障發生，通過對機器進行檢查與檢測，提前發現機器故障的徵兆。預防維護又包括定期維護（fixed-time maintenance）和視情維護（condition-based maintenance）兩種不同的方式。

①定期維護。通過總結機器的實際使用經驗或者統計相關使用數據，決策者設計出與機器相匹配的維護計劃，按照設定的時間對機器進行清潔、潤滑、檢修、零部件更換等，從而防止機器大面積發生故障。目前，製造企業普遍採用的維護策略便是定期維護，也稱計劃維護。

②視情維護。依據機器的運行狀態，決策者對機器的主要部位或者需要維護的部位進行定期的或者連續性的狀態檢測和故障診斷，從而判斷機器當前的狀態並對未來的發展趨勢進行預測，最後制訂出適合機器

本身的維護計劃。當一個或者多個監測指標（可靠性）下降到某個標準值時，應對機器採取有計劃的維護，從而消除潛在的故障。現代企業多採取此種維護策略。總體來說，預防維護有計劃性，決策者需要事先確定維護的時間、內容、方法、需要的技術以及物資等。

理論上，預防維護計劃及其優化方法視不同的生產製造行業的分類而有所不同。決策者可以通過 Bayesian 方法、神經網絡方法、線性規劃方法、遺傳算法、Petri 網半馬爾可夫鏈方法、仿真方法以及組合法等來制訂合適的維護計劃。由於機器調度問題的最優準則繁多，決策者既可以根據生產計劃的目的來制訂，也可以依據維護計劃的目的制訂。一般而言，維護的目的主要基於維護的總成本和機器的可靠度。如果只考慮一個目標的情況下，決策者可以追求維護總成本率最小化或者機器的可靠度最大化；如果同時考慮兩個目標，決策者一般考慮滿足機器可靠性的某種限度下追求維護總成本率最小化或者滿足機器維護成本率的某種限度下追求機器的可靠度最大化。

機器調度問題和預防維護問題在實際生產過程中至關重要，一直是人們關注的焦點，但二者之間的相互影響作用卻少有關注。一直以來，二者在學術界都是作為兩個相互獨立的研究領域。在實際的生產過程中，機器生產計劃和維護計劃的制訂也是獨立進行的，因此經常會出現這樣一種現象：機器並未出現故障卻停機等待維護，同時有工件在等待加工，這樣既影響生產效率，也降低了企業效益。因此同時考慮機器調度和預防維護問題具有十分重要的現實意義。

除了按傳統的調度問題分類以外，考慮維護時間的調度問題還可以根據維護開始時間的不同，分為維護時段固定的機器調度問題（deterministic/fixed maintenance）和維護時段可調的機器調度問題（flexible/unfixed maintenance）兩大類。

(1) 維護時間段固定的機器調度問題

維護作為調度問題的一個約束條件，在進行調度之前就完全確定了

時段。此類問題也最為常見。機器一般由維護部門和調度部門同時支配。首先，維護部門根據機器的維護手冊、統計的資料、總結的經驗或者狀態的檢測值等獨立地制訂出維護計劃；其次，將計劃中的維護機器名稱以及維護時間段告知調度部門。調度部門綜合考慮維護時間段以及維護機器制訂相關的生產計劃。在這種情況下，機器在維護過程中是不可用的。這類問題在調度領域中稱之為機器可用性受限的機器調度問題（scheduling with limited machine availability）、帶可用約束的機器調度問題（scheduling with availability constraints）或者有固定時間段不可用的機器調度問題（scheduling with fixed non-availability intervals）。

對於機器 M_i 上的某個維護必須安排在事先設定的時間區間（B_i, F_i）上進行，維護時間區間內，機器 M_i 不能加工任何工件。圖 1-3 中機器 M_i 只有一個維護時段，而圖 1-4 中機器 M_i 有多個維護時段，其中 int_i 是維護間隔，u_i 是維護時長，u_i 和 int_i 都是事先給定的數。

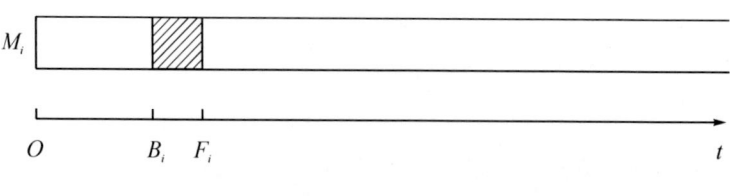

圖 1-3　一個維護時段（維護時段固定）

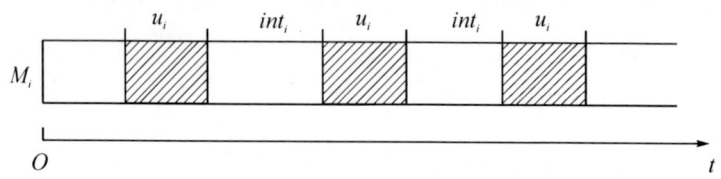

圖 1-4　多個維護時段（維護時段固定）

（2）維護時間段可調的機器調度問題

如果對機器的維護計劃和生產計劃進行統一考慮，則維護的開始時間必須視作與工件的加工時間一樣的決策變量，這一類問題又稱之為彈

性維護時間的機器調度問題（scheduling with flexible maintenance）、考慮不固定可用性約束的機器調度問題（scheduling with unfixed availability constraints）或者聯合考慮工件和維護的機器調度問題（simultaneously/jointly scheduling jobs and maintenance activities）。假設機器 M_i 上存在維護時段，則存在一個時間窗 $[s_i, e_i]$ 使得長度為 u_i 的維護活動必須落在這個時間窗內，即維護活動必須在時間段 $[s_i, e_i - u_i]$ 內進行。機器 M_i 只有一個維護時段的情形如圖 1-5 所示，機器 M_i 上有多個維護時段的情形如圖 1-6 所示[1]。

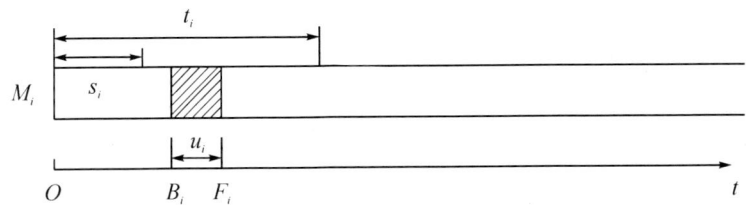

圖 1-5　一個維護時段（維護時段可調）

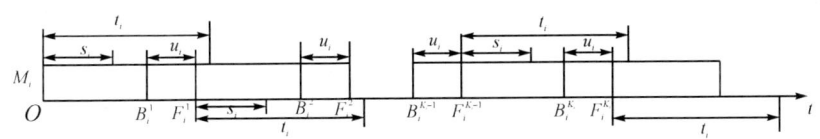

圖 1-6　多個維護時段（維護時段可調）

在維護時間段可調的機器調度問題研究中，每個維護時間段都有與之對應的時間窗，維護活動允許在此時間窗內任意浮動。這種情形在實際生產過程中是存在的。例如，某大型空調製造企業的生產車間擁有多臺大型機器，包括衝片機、脹管機、折彎機、彎管機以及脫脂爐等。這些機器的清掃、潤滑等簡單維護工作一般都由操作師進行，維護時間安排在每天開工前、收工後或者某些特殊工作任務完成後。但是對於其他

---

[1] 馬英．考慮維護時間的機器調度問題研究 [D]．合肥：合肥工業大學，2010．

複雜的機器、系統或者程序，例如電路系統、液壓系統、衝片程序，他們的維護工作也相應地比較複雜。翻邊高度及脹杆的調整、衝模的更換與大型檢修等必須由某個特定的機器公司來執行。這些維護工作一般都是同屬於一個集團的機器公司。為了降低維護工作對空調企業生產計劃的影響以及實現整個集團利益的最大化，機器公司和空調企業的調度部門將採取合作方式來制訂一個較為合理的調度方案。首先，機器公司根據這些複雜機器的使用手冊制訂一個初步的維護計劃後將每個複雜機器的可行維護時間段告知空調企業的調度部門；其次，調度部門對維護工作以及工件進行統一調度，得到一個層次更高的優化方案；最後，企業的調度部門把具體的維護時間段的相關信息反饋給機器公司，具體的維護方式、內容等由機器公司執行。機器在此種模式下可以持續工作。但是，在某些機械加工企業中，刀具在機器加工一段時間後會出現磨損，磨損情況過於嚴重則會導致機器失效，此時生產出的產品質量不能合格，因此，操作師必須在特定的時間內更換機器的刀具，即機器的連續加工時間是受限制的。

　　此外，在維護時間可調的情況還存在機器連續加工受加工數量限制的情形，即連續加工一定數量的工件後，操作師必須對機器進行維護。例如，印刷電路板（PCB）企業在貼裝工藝中，一般在加工一定數量的工件後，操作師必須對供料器進行重裝或者清掃貼片機，實施安全檢查等簡單維護。某些時候，機器同時受連續工作時間和連續加工工件的雙重限制，例如印刷電路板的鑽孔機。這種情況下，操作師不僅要在鑽孔機加工一段時間後進行維護，還要在加工一定數量的工件後對微鑽進行更換。

1.2 研究現狀

作為運籌學中研究最廣泛的領域之一，關於機器調度問題的研究結果不勝枚舉。若以 scheduling 和 machine 作為搜索主題詞，在 Web of Science 上搜索出版物和文獻，從 1996 年起每年超過 200 件，2005 年至今每年至少 300 件。這裡主要討論模糊環境下考慮維護時間的調度問題，因此首先分別考察考慮維護時間的機器調度問題和模糊加工時間的機器調度問題的研究現狀，然後綜合考慮此二類問題。為了更準確地把握考慮維護時間的調度問題和模糊調度問題的研究現狀與研究熱點，本書選取了四個重要的數據庫（SCI，EI，ScienceDircet，CNKI），並通過應用 NoteExpress 與 NodeXL 軟件的系統化文獻研究方法（NN-SRM）對文獻進行了系統的整理和回顧。

1.2.1 模糊時間的機器調度問題

自 20 世紀 70 年代 Prade 最早將模糊集理論應用到調度問題中[1]以來，關於模糊調度問題的研究成果越來越多。根據模糊理論在機器環境、工件特徵以及最優準則中的應用，模糊調度問題中的不確定性可以是模糊加工時間、模糊交貨期、模糊時間表長等。

1. 單機調度問題

對於目標函數是平均完成時間的單機調度問題，McCahon 和 Lee 研究的約束條件是三角模糊數和梯形模糊數的工件加工時間[2]。這種情形

---

[1] Prade H. Using fuzzy set theory in a scheduling problem: a case study [J]. Fuzzy Sets and Systems, 1979, 2 (2): 153-165.

[2] McCahon C, Lee E S. Job sequencing with fuzzy processing times [J]. Computers & Mathematics withApplications, 1990, 19 (7): 31-41.

下的調度問題，SPT 規則也是適用的。為了應用這個規則，需要利用 Lee-Li 秩評定法①來對模糊加工時間進行比較。

而後，Han 等考慮的研究對象是模糊數的工期，目標函數是最小化滿意度與工件的完工時間和（$-a_0 S_{\min} + \sum_{j=1}^{n} a_j p_j$），其中 a_j 是正常數②。他們設計了一個基於凸規劃的算法，此算法可以在 $O(n^4)$ 時間內完成。Liao 等拓展了這個問題，使得工件的加工時間為三角模糊數，並給出了一個 $O(n^2 \log G)$ 的多項式時間算法③。Murate 等證明最大化最小滿意度問題與滿意度函數有關，但是沒有提出相應的算法。Ahmadizar 和 Hosseini 研究了帶有學習效應（learning effect）的單機加工時間模糊問題，為了使得時間表長最短，他們利用模糊機會約束方法和秩評定法得出有化解的結論④。另外，Li 等考慮批處理的加工時間為三角模糊數的單機調度問題，目標函數為最小化最大完工時間以及最大化最小模糊有限可取值⑤。

2. 多機調度問題

時間表長是調度問題中考慮最多的類，也是製造系統最基本的需求。許多多機調度問題在沒有考慮模糊環境的情況下就已經是 NP 難的。1999 年，Sakawa 等首次採用遺傳算法（Genetic Algorithm，GA）求解模糊加工時間和模糊交貨期的異序作業車間調度問題（Fuzzy job-

---

① Lee E, Li R J. Comparison of fuzzy numbers based on the probability measure of fuzzy events [J]. Computers & Mathematics with Applications, 1988, 15 (10): 887-896.

② Han S, Ishii H, Fujii S. One machine scheduling problem with fuzzy duedates [J]. European Journal of Operational Research, 1994, 79 (1): 1-12.

③ Liao C, Chen C, Lin C. Minimizing makespan for two parallel machines with job limit on each availability interval [J]. Journal of the Operational Research Society, 2007, 58 (7): 938-947.

④ Ahmadizar F, Hosseini L. Minimizing makespan in a single-machine schedul- ing problem with a learning effect and fuzzy processing times [J]. The International Journal of Advanced Manufacturing Technology, 2013, 65 (1-4): 581-587.

⑤ Li X, Ishii H, Chen M. Batch scheduling problem with due-date and fuzzy precedence relation [J]. Kybernetika, 2012, 48 (2): 346-356.

shop Scheduling Problem，FJSSP)。他們在處理模糊加工時間時，採用三個準則將模糊加工時間和模糊交貨期轉換為確定參數，從而給出了一種簡單實用的模糊調度方法①。2000 年，Sakawa 等針對上述異序作業調度問題在求解多目標的情形下設計了基於模糊規劃的遺傳算法②。爾後，Song 等提出了一種基於遺傳算法和蟻群優化算法（Ant Colony Optimization，ACO）的混合算法，同時結合了局部搜索策略。Lei 設計了一種基於隨機鍵編碼的遺傳算法來求解模糊環境下的異序作業調度問題③。宋曉宇等開發了一種基於關鍵工序的鄰域搜索方法的混合蟻群算法④。

若模糊異序作業調度問題包含三個目標函數，Wu 等設計了一種粒子群優化算法（Particle Swarm Optimization，PSO)⑤。Niu 等則給出了一種結合粒子群算法和遺傳算法的混合優化算法⑥。Hu 等通過改進差分進化算法（Differential Evolution Algorithm，DEA）得到模糊加工時間和模糊交貨期的異序作業調度問題⑦。

模糊環境下的異序作業調度問題主要有 7 個模型，分別為 Lin 模型、

---

① Sakawa M, Mori T. An efficient genetic algorithm for job-shop scheduling problems with fuzzy processing time and fuzzy duedate [J]. Computers & Indus trial Engineering, 1999, 36 (2): 325-341.

② Sakawa M, Kubota R. Fuzzy programming for multiobjective job shop scheduling with fuzzy processing time and fuzzy duedate through genetic al gorithms [J]. European Journal of Operational Research, 2000, 120 (2): 393-407.

③ Lei D. Solving fuzzy job shop scheduling problems using random key genetic algorithm [J]. The International Journal of Advanced Manufacturing Technology, 2010, 49 (1-4): 253-262.

④ 宋曉宇，朱雲龍，尹朝萬，等. 應用混合蟻群算法求解模糊作業車間調度問題 [J]. 計算機集成製造系統, 2007, 13 (1): 105-109.

⑤ Wu C, Li D, Tsai T I. Applying the fuzzy ranking method to the shifting bottleneck procedure to solve scheduling problems of uncertainty [J]. The International Journal of Advanced Manufacturing Technology, 2006, 31 (1-2): 98-106.

⑥ Niu Q, Jiao B, Gu X. Particle swarm optimization combined with genetic operators for job shop scheduling problem with fuzzy processing time [J]. Applied Mathematics and Computation, 2008, 205 (1): 148-158.

⑦ Hu Y, Yin M, Li X. A novel objective function for job-shop scheduling prob lem with fuzzy processing time and fuzzy due date using differential evolution algorithm [J]. The International Journal of Advanced Manufacturing Technology, 2011, 56 (9-12): 1125-1138.

Ghrayeb 模型、Rodriguez 模型、Lei1 模型、Sakawa 模型、Song 模型以及 Lei2 模型。相關的文獻如表 1-1 所示。2014 年 12 月底，我們在 SCI、EI、ScienceDircet 中，選取「machine scheduling problem, fuzzy processing time, job」作為檢索詞。為了保證較高的相關性，只選取檢索詞出現在「title, keywords, abstract」中的文獻。在 CNKI 中，選取「工件、調度、模糊」為檢索詞。由於文獻的數目過大，這一章節只選取檢索詞出現在「標題」中的文獻。通過閱讀標題與摘要來確定相關性，對所有文獻進行初步刪選整理得到文獻數目分佈，見表 1-2。

表 1-1　　　　模糊環境下的機器調度問題幾個主要模型

類別	模型	文獻
模糊工期	Xie 模型	［205］
模糊加工時間	Lin 模型	［65］［138］［139］［170］［203］
	Ghrayeb 模型	［70］［155］［193］
	Rodriguez 模型	［133］［135］［165］［77］［80］［79］
	Lei1 模型	［122］［124］［125］［126］［211］［199］［202］［221］
模糊工期和模糊加工時間	Sakawa 模型	［62］［69］［87］［127］［130］［144］［176］［76］
	Song 模型	［140］［196］［195］［219］
	Lei2 模型	［86］［119］［120］［121］［123］

註：表中文獻序號與本書參考文獻序號一致。

表 1-2　　　　　　　　文獻分佈

數據庫	機器調度和維護時間	機器調度和模糊時間
SCI	792	769
EI	680	501
ScienceDirect	162	82
CNKI	14	13
文獻匯總	1,518	1,169

對於模糊環境下的機器調度問題，在通過對文獻進行初步刪選整理後得到了1,169篇參考文獻，見圖1-7。

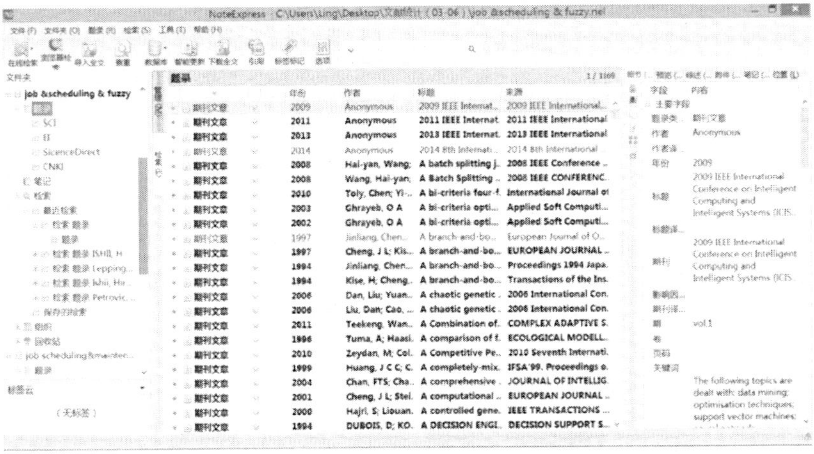

圖1-7　模糊時間的機器調度問題文獻初步匯總

由於SCI，EI，ScienceDircet，CNKI這四個數據庫的重疊性，首先對文獻進行「查找重複題錄（文獻）」的操作，設置「待查重字段（E）」屬性為「標題和年份」，選擇「大小寫不敏感（C）」「忽略標點符號和空格（I）」「設置匹配度（M）」為「模糊」，查找出321篇重複的題錄。刪除重複的題錄後，得到了有1,518個題錄的基礎數據庫。其次選擇「文件夾統計信息」，分別對「年份」「標記」「期刊」「作者」進行統計，得到圖1-8至圖1-10。文獻總體統計結果見表1-3。

字段: 年份	记录数	% (1223)	图形
2015	13	1.063 %	
2014	55	4.497 %	
2013	84	6.868 %	
2012	97	7.931 %	
2011	92	7.522 %	
2010	116	9.485 %	
2009	79	6.460 %	
2008	94	7.686 %	
2007	79	6.460 %	
2006	84	6.868 %	
2005	44	3.598 %	
2004	53	4.334 %	
2003	40	3.271 %	
2002	34	2.780 %	
2001	29	2.371 %	
2000	30	2.453 %	
1999	32	2.617 %	
19981998	2	0.164 %	
1998	32	2.617 %	
1997	24	1.962 %	
1996	28	2.289 %	
1995	31	2.535 %	
1994	20	1.635 %	
1993	7	0.572 %	

圖1-8　模糊時間的機器調度問題年份分佈

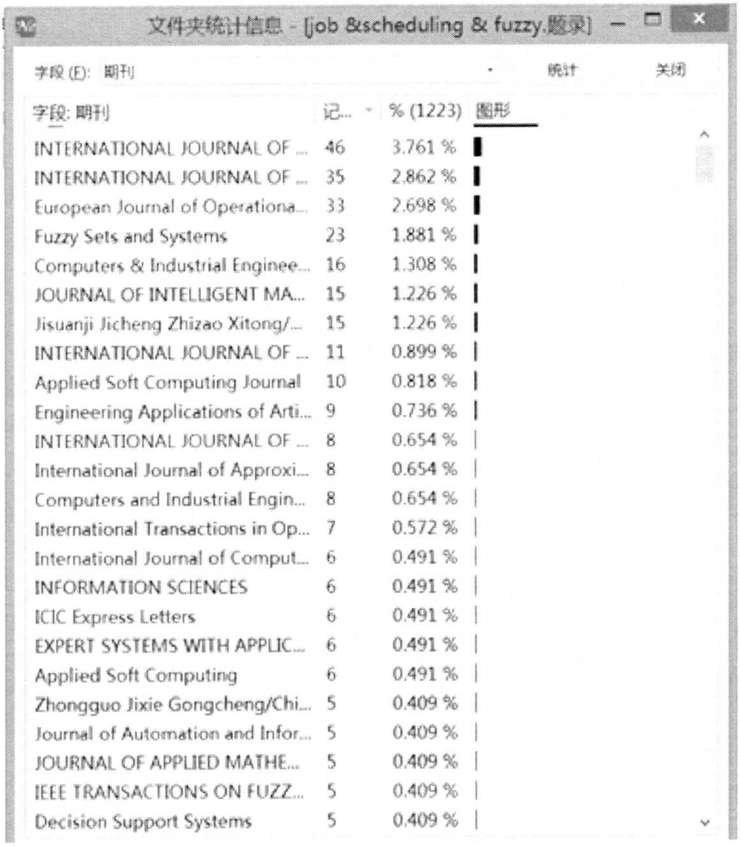

字段: 期刊	记...	% (1223)	图形
INTERNATIONAL JOURNAL OF ...	46	3.761 %	
INTERNATIONAL JOURNAL OF ...	35	2.862 %	
European Journal of Operationa...	33	2.698 %	
Fuzzy Sets and Systems	23	1.881 %	
Computers & Industrial Enginee...	16	1.308 %	
JOURNAL OF INTELLIGENT MA...	15	1.226 %	
Jisuanji Jicheng Zhizao Xitong/...	15	1.226 %	
INTERNATIONAL JOURNAL OF ...	11	0.899 %	
Applied Soft Computing Journal	10	0.818 %	
Engineering Applications of Arti...	9	0.736 %	
INTERNATIONAL JOURNAL OF ...	8	0.654 %	
International Journal of Approxi...	8	0.654 %	
Computers and Industrial Engin...	8	0.654 %	
International Transactions in Op...	7	0.572 %	
International Journal of Comput...	6	0.491 %	
INFORMATION SCIENCES	6	0.491 %	
ICIC Express Letters	6	0.491 %	
EXPERT SYSTEMS WITH APPLIC...	6	0.491 %	
Applied Soft Computing	6	0.491 %	
Zhongguo Jixie Gongcheng/Chi...	5	0.409 %	
Journal of Automation and Infor...	5	0.409 %	
JOURNAL OF APPLIED MATHE...	5	0.409 %	
IEEE TRANSACTIONS ON FUZZ...	5	0.409 %	
Decision Support Systems	5	0.409 %	

圖 1-9　模糊時間的機器調度問題期刊分佈

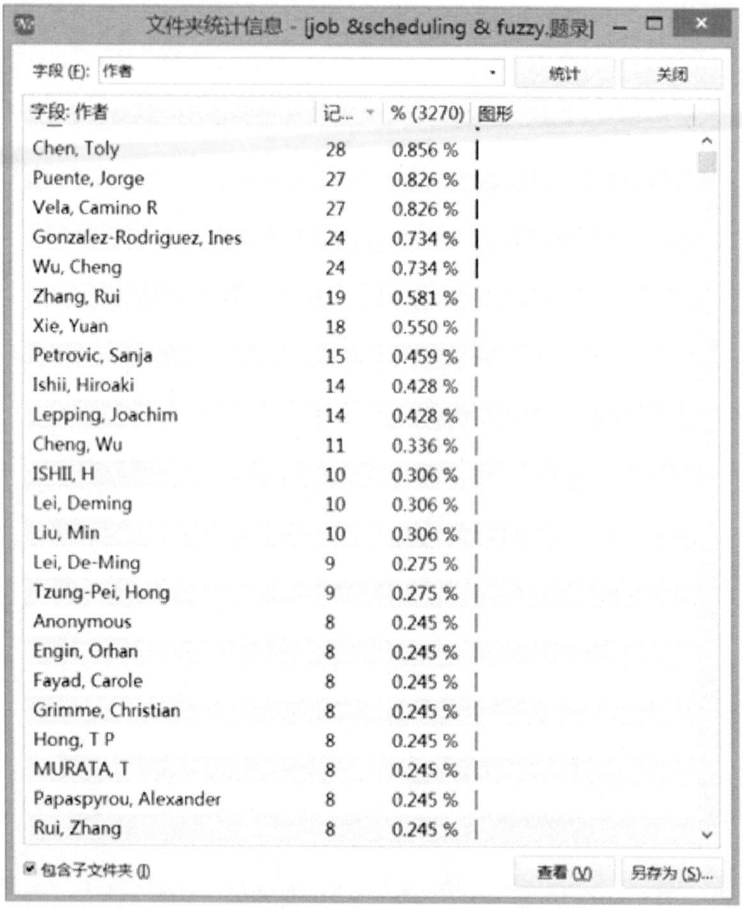

```
文件夾統計信息 - [job &scheduling & fuzzy.題录]

字段 (F): 作者                              統計      關閉

字段: 作者                    記... ▼  % (3270)  圖形
Chen, Toly                    28    0.856 %
Puente, Jorge                 27    0.826 %
Vela, Camino R                27    0.826 %
Gonzalez-Rodriguez, Ines      24    0.734 %
Wu, Cheng                     24    0.734 %
Zhang, Rui                    19    0.581 %
Xie, Yuan                     18    0.550 %
Petrovic, Sanja               15    0.459 %
Ishii, Hiroaki                14    0.428 %
Lepping, Joachim              14    0.428 %
Cheng, Wu                     11    0.336 %
ISHII, H                      10    0.306 %
Lei, Deming                   10    0.306 %
Liu, Min                      10    0.306 %
Lei, De-Ming                   9    0.275 %
Tzung-Pei, Hong                9    0.275 %
Anonymous                      8    0.245 %
Engin, Orhan                   8    0.245 %
Fayad, Carole                  8    0.245 %
Grimme, Christian              8    0.245 %
Hong, T P                      8    0.245 %
MURATA, T                      8    0.245 %
Papaspyrou, Alexander          8    0.245 %
Rui, Zhang                     8    0.245 %

☑ 包含子文件夾 (I)              查看 (V)   另存為 (S)...
```

圖 1-10　模糊時間的機器調度問題作者分佈

表 1-3　　　　模糊時間的機器調度問題文獻匯總

年份	1986 年以前：0；1986—1990 年：4（0.33%）；1991—1995 年：71（5.81%）；
	1996—2000 年：148（12.10%）；2001—2005 年：200（16.35%）；
	2006—2010 年：452（36.96%）；2011 年至今：341（27.88%）
關鍵	International Journal of Advanced Manufacturing Technology 46（3.76%）

表1-3(續)

期刊	International Journal of Production Research 35（2.86%）
	European Journal of Operational Research 33（2.70%）
	Fuzzy Sets and Systems 23（1.88%）
	Computers & Industrial Engineering 16（1.31%）
	Journal of Intelligent Manufacturing 15（1.23%）
	Jisuanji Jicheng Zhizao Xitong/Computer Integrated Manufacturing Systems, CIMS 15（1.23%）
	International Journal of Production Economics 11（0.90%）
	Applied Soft Computing Journal 10（0.82%）
作者	28篇文獻的作者：Chen, Toly
	27篇文獻的作者：Puente, Jorge；Vela, Camino R
	24篇文獻的作者：Gonzalez-Rodriguez, Ines；Wu, Cheng；19篇文獻的作者：Zhang, Rui
	18篇文獻的作者：Xie, Yuan
	15篇文獻的作者：Petrovic, Sanja
	14篇文獻的作者：Ishii, Hiroaki；Lepping, Joachim；10篇文獻的作者：Ishii, H

　　進一步地，為了得到模糊時間的機器調度問題的研究熱點，對「年份」和「標記」進行分析。從圖1-8可以清楚地看出，對模糊時間的機器調度問題的研究也呈現逐年遞增的趨勢，尤其是近10年的文獻占了總文獻的90%。

　　將題錄中所有文獻的關鍵詞輸入NodeXL，將兩個關鍵詞出現在一篇文章的關鍵詞添加連線，並將屬於同一個子圖的關鍵詞進行分組，用不同的顏色和形狀表示，得到網絡圖1-11。可見加工時間模糊的機器調度問題的文獻關鍵詞表現得相當集中。在NodeXL中添加網絡圖中的頂點標籤，並計算各關鍵詞頂點的連線數，以頂點的大小區別顯示連線數從多到少的關鍵詞，過濾連線數少於26的關鍵詞，得到圖1-12。在

圖 1-12 中可以看出，算法是加工時間模糊的機器調度問題研究中的一個熱點問題，大量文章的關鍵詞提到了遺傳算法、粒子群算法、蟻群算法等熱門算法；另一類熱點問題是目標函數是時間表長、工期等問題。

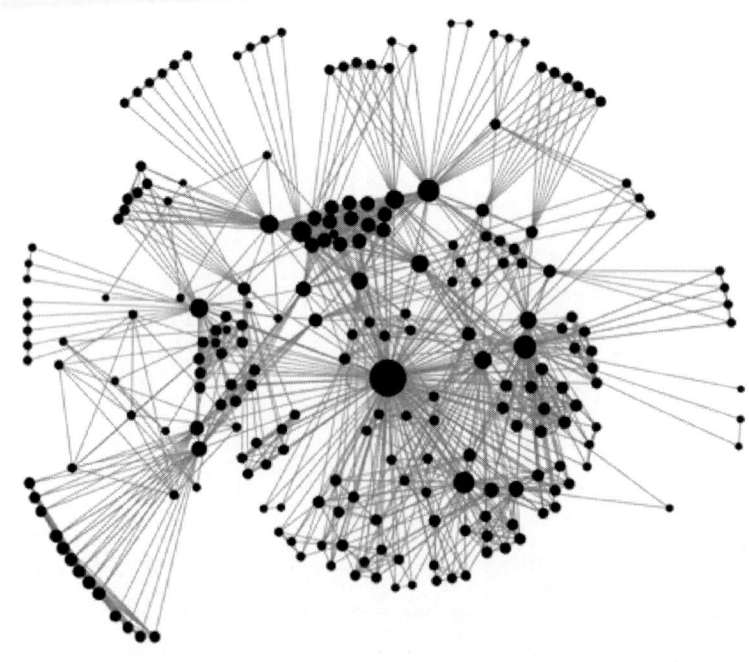

圖 1-11　模糊時間的機器調度問題關鍵詞網絡圖

1.2.2　考慮維護時間的機器調度問題

2014 年 12 月底，在 SCI，EI，ScienceDircet 中，選取「machine scheduling problem，maintenance，job」作為檢索詞。為了保證較高的相關性，只選取檢索詞出現在「title，keywords，abstract」中的文獻。在 CNKI 中，選取「工件、機器調度問題、維護時間」為檢索詞。由於文獻的數目過大，這裡只選取檢索詞出現在「標題」中的文獻。通過閱讀標題與摘要來確定相關性，對所有文獻進行初步刪選整理，得到文獻

數目分佈如圖1-12所示。

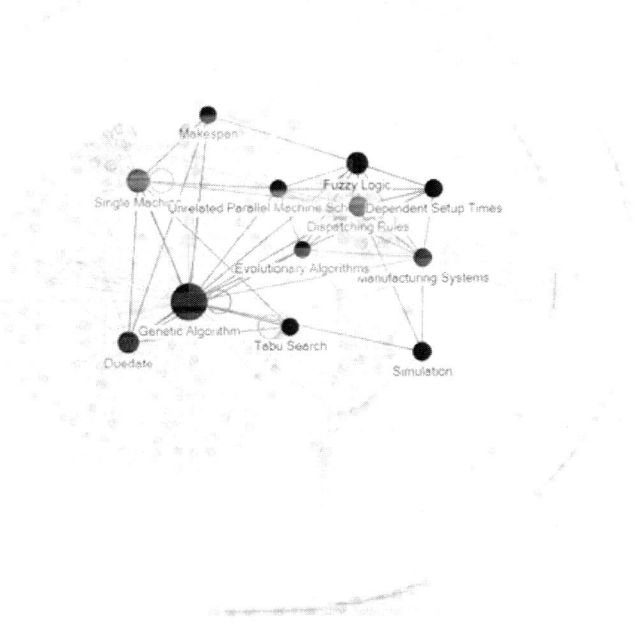

圖1-12　模糊時間的機器調度問題關鍵詞網絡圖

對於考慮維護時間的機器調度問題，我們在通過對文獻進行初步刪選整理後得到了1,518篇參考文獻，見圖1-13。

由於SCI、EI、ScienceDircet、CNKI這四個數據庫的重疊性，我們首先對文獻進行「查找重複題錄（文獻）」的操作，設置「待查重字段（E）」屬性為「標題、年份」，選擇「大小寫不敏感（C）」「忽略標點符號和空格（I）」「設置匹配度（M）」為「模糊」，查找出321篇重複的題錄，刪除重複的題錄後，得到了有1,518個題錄的基礎數據庫。其次，選擇「文件夾統計信息」，分別對「年份」「期刊」「作者」進行統計，得到圖1-14至圖1-16所示結果。文獻總體統計結果見表1-4。

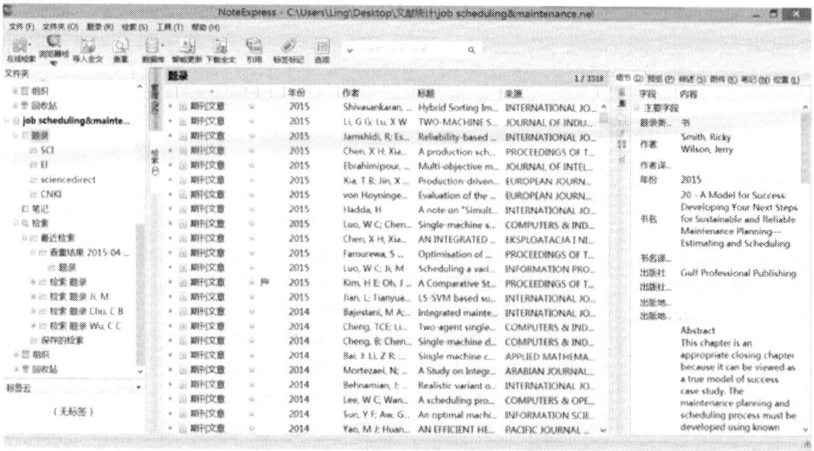

圖 1-13　考慮維護時間的機器調度問題文獻初步匯總

我們將題錄中所有文獻的關鍵詞輸入 NodeXL，將兩個關鍵詞出現在一篇文章的關鍵詞添加連線，並將屬於同一個子圖的關鍵詞進行分組，用不同的顏色和形狀表示，得到網絡圖 1-17。可見考慮維護時間的機器調度問題的文獻關鍵詞表現得相當集中。在 NodeXL 中添加網絡圖中的頂點標籤，並計算各關鍵詞頂點的連線數，以頂點的大小區別顯示連線數從多到少的關鍵詞，過濾連線數少於 26 的關鍵詞，得到圖 1-18。從圖 1-18 中可以看出，算法是考慮維護時間的機器調度問題研究中的一個熱點問題，大量文章的關鍵詞提到了遺傳算法、粒子群算法、蟻群算法等熱門算法；另一類熱點問題是目標函數是時間表長、加權完工時間等問題。

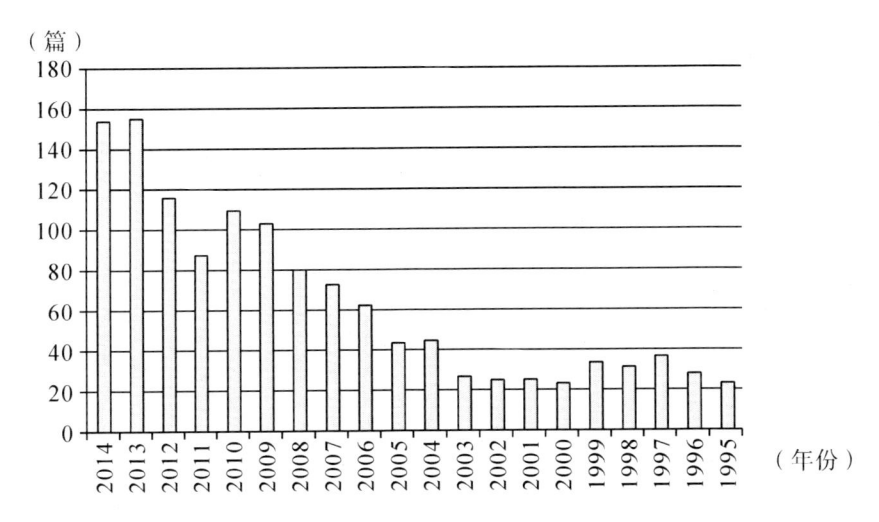

圖 1-14　考慮維護時間的機器調度問題文獻年份分佈

圖 1-15　考慮維護時間的機器調度問題期刊分佈

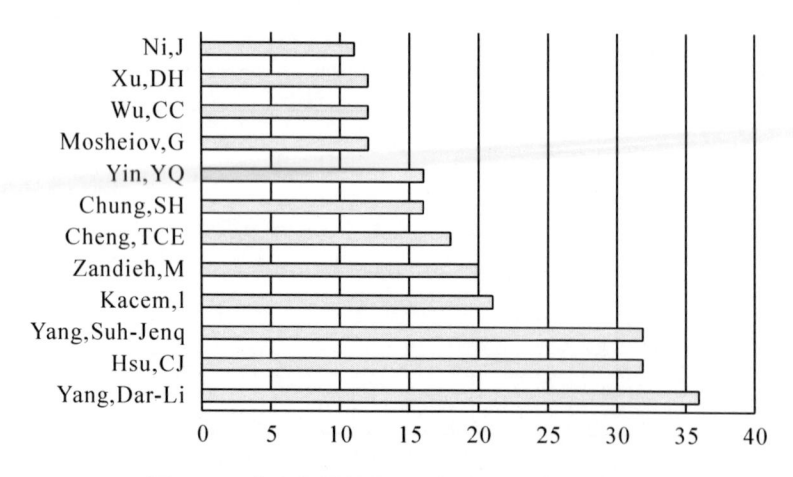

圖 1-16　考慮維護時間的機器調度問題作者分佈

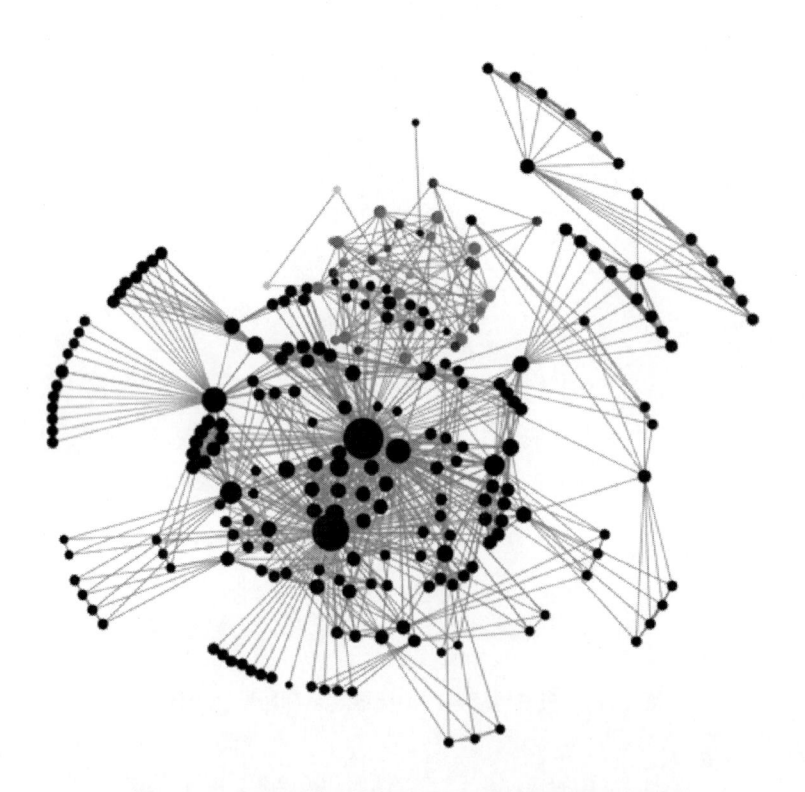

圖 1-17　考慮維護時間的機器調度問題關鍵詞網絡圖

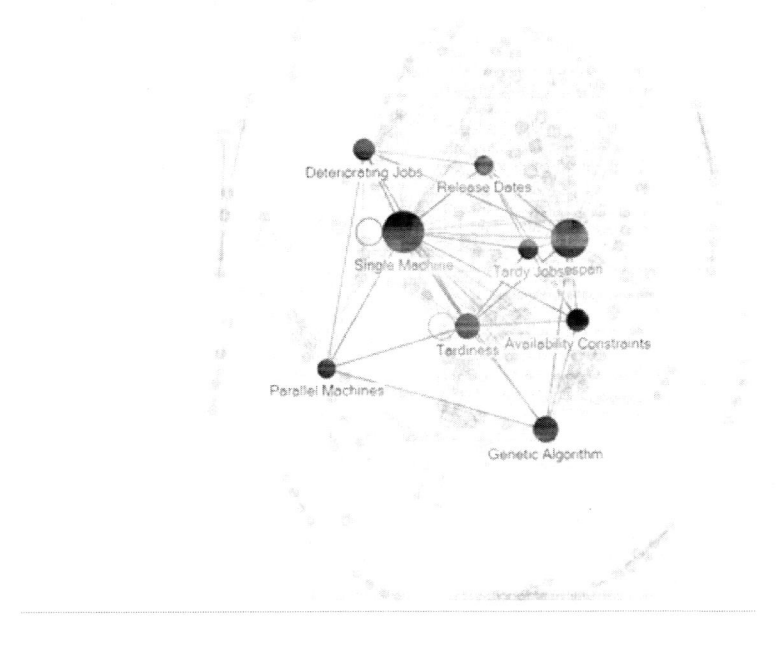

图 1-18　过滤后考虑维护时间的机器调度问题关键词网络图

表 1-4　　　考虑维护时间的机器调度问题文献汇总

年份	1980 年以前：36（2.37%）；1981—1985 年：24（1.58%）；1986—1990 年：45（2.96%）；
	1991—1995 年：79（5.19%）；1996—2000 年：154（10.12%）；2001—2005 年：175（11.50%）；
	2006—2010 年：435（28.58%）；2011 年至今：563（37.00%）
关键	International Journal of Production Research 78（5.13%）

表1-4(續)

期刊	European Journal of Operational Research 58（3.81%）
	International Journal of Advanced Manufacturing Technology 52（3.42%）
	Computers & Industrial Engineering 47（3.01%）
	Computers & Operations Research 43（2.83%）
	International Journal of Production Economics 35（2.30%）
	Applied Mathematical Modelling 25（1.64%）
	Journal of The Operational Research Society 23（1.51%）
	Naval Research Logistics 20（1.31%）
作者	36篇文獻的作者：Yang, Dar-Li
	32篇文獻的作者：Hsu, Chou-Jung; Yang Suh-Jenq; 21篇文獻的作者：Kacem, I
	20篇文獻的作者：Zandieh, M; 18篇文獻的作者：Cheng, TCE
	16篇文獻的作者：Chung, SH, Yin, YQ; 12篇文獻的作者：Mosheiov, G, Wu, C C; 11篇文獻的作者：Ni, J
	10篇文獻的作者：Chu, C B, Ji, M

1. 維護時間段固定的機器調度問題

通過Noteexpress分析，考慮維護時間的機器調度問題中的大部分研究成果都假設維護時間段是固定的①②③。下面按照機器環境的不同進行分類討論。

（1）單臺機器調度問題

對於傳統機器調度問題，如果目標函數是最小化完工時間，則按照SPT（Shortest Processing Time First）規則即可得到最優加工工序。如果

---

① Lee C Y, Lei L, Pinedo M. Current trends in deterministic scheduling [J]. Annals of Operations Research, 1997, 70: 1-41.

② Sanlaville E, Schmidt G. Machine scheduling with availability constraints [J]. ActaInformatica, 1998, 35 (9): 795-811.

③ Schmidt G. Scheduling with limited machine availability [J]. European Journal of Operational Research, 2000, 121 (1): 1-15.

問題中增加機器存在準備時間這個條件，SPT 規則仍然能為該問題提供最優解。若維護時間段只有一個，Adiri 證明這個調度問題是 NP 難的，並且在 SPT 規則下，此問題的最壞情況相對誤差界為 1/4，後來這個最壞情況相對誤差界被 Lee 等修正為 2/7[①]。2005 年，Sadfi 等給出了一個證明 NP 難的方法，此方法比 Adiri 的更簡便[②]。同時，Sadfi 還構造了一個近似算法，它的相對誤差界為 3/17。而 Breit 等給出了一個啓發式算法，它的相對誤差比 Sadfi 的更小[③]。最後，He 等為這個問題設計了一個 PTAS（Polynomial-time Approximation Scheme）算法[④]。

維護時間段只有一個並且目標函數是最小化加權完工時間和的機器調度問題也是 NP 難的。若權重與加工時間相等，按照 WSPT（Weighted Shortest Processing Time）規則得到的最優解的相對誤差界也為無窮大[⑤]。但是，Kacem 和 Chu 證明了在某些條件下，WSPT 算法和他文章中提出的 MWSPT（Modified Weighted Shortest Processing Time）規則下的相對誤差界可以達到 2[⑥]。隨後，Kacem 為此問題構造了一個 2-近似算法，此算法的時間複雜度為 $O(n^2)$ [⑦]。隨著時間的推移，一些

---

① Lee C Y, Liman S D. Single machine flow-time scheduling with scheduled maintenance [J]. Acta Informatica, 1992, 29 (4): 375-382.

② Sadfi C, Penz B, Rapine C, et al. An improved ap- proximation algorithm for the single machine total completion time scheduling problem with availability constraints [J]. European Journal of Operational Re search, 2005, 161 (1): 3-10.

③ Breit J. Improved approximation for non-preemptive single machine flow-time scheduling with an availability constraint [J]. European Journal of Operational Research, 2007, 183 (2): 516-524.

④ He Y, Zhong W, Gu H. Improved algorithms for two single machine scheduling problems [J]. Theoretical Computer Science, 2006, 363 (3): 257-265.

⑤ Lee C Y, Liman S D. Single machine flow-time scheduling with scheduled maintenance [J]. Acta Informatica, 1992, 29 (4): 375-382.

⑥ Kacem I, Chu C. Worst-case analysis of the wspt and mwspt rules for sin gle machine scheduling with one planned setup period [J]. European Journal of Operational Research, 2008, 187 (3): 1080-1089.

⑦ Kacem I. Approximation algorithm for the weighted flow-time minimization on a single machine with a fixed non-availability interval [J]. Computers & Industrial Engineering, 2008, 54 (3): 401-410.

學者也構建出了一些精確算法，例如混合整數線性規劃、動態規劃及分枝定界算法①②。

(2) 平行機調度問題

Lee 證明了機器帶有準備時間並且目標函數為最小化最大完工時間的平行機調度問題在經典的 LPT（Longest Processing Time）算法下的最壞情況相對誤差界為 $3/2-1/(2m)$，在基於 MLPT（Modified Longest Processing Time）規則的啟發式算法下的最壞情況相對誤差界為 $4/3$③。如果某些機器在當前調度器內不能加工工件，則稱該機器是不起作用的。那麼在這種情況下，無論算法的最壞情況相對誤差界有多麼小，此界都是無效的。後來，Hwang 和 Chang 證明了這個問題的 MLPT 算法的界是緊的，並且證明 MULTIFIT 算法的最壞情況界為 $9/7+2-k$，其中 k 為算法的主迭代次數，但算法是否為緊同樣也是一個 NP 問題④。Lin 證明了這個問題的 MLPT 算法的最壞情況相對誤差界分別為 $4/3$（$m \geqslant 3$）、$5/4$（$m=2$）和 0（$m=1$）。而 Yong 針對這個問題給出了一個帶參數的最壞情況誤差界，證明了基於 LPT 規則的算法是漸進最優的⑤。Kellerer 構造了一種對偶近似算法（dual approximation algorithm），並證明其最壞

---

① Kacem I, Chu C. Efficient branch-and-bound algorithm for minimizing the weighted sum of completion times on a single machine with one availability constraint [J]. International Journal of Production Economics, 2008, 112 (1): 138-150.

② Kacem I, Chu C, Souissi A. Single-machine scheduling with an availability constraint to minimize the weighted sum of the completion times [J]. Computers & Operations Research, 2008, 35 (3): 827-844.

③ Lee C Y. Parallel machines scheduling with nonsimultaneous machine available time [J]. Discrete Applied Mathematics, 1991, 30 (1): 53-61.

④ Hark-Chin Hwang, Soo Chang. The worst-case analysis of the multifit algorithm for scheduling nonsimultaneous parallel machines [J]. Discrete Applied Mathematics, 1999, 92 (2): 135-147.

⑤ Yong H. The lpt-bound of parallel machines scheduling with nonsimultaneous machine available time [J]. Journal Of Zhejiang University (Natural Science), 1996 (3).

情況界為 5/4[①]。

對於兩臺機器，若目標函數為最小化時間表長，Yong 證明了 MULTIFIT 算法的最壞情況相對誤差界為 $6/5 + 2^{-k}$，而 LPT 和 MULTIFIT 算法的複合算法的界為 $7/6 + 2^{-k}$[②]，程對於此問題給出了一個線性時間複合算法。如果只有一臺機器上有準備時間，Liao 等則把維護時間段看作一個加工時間與準備時間等長的虛擬工件，然後直接應用 TMO 算法[③④]。對於三臺機器，範靜提出了一種線性時間的對偶閾值算法族（Dual Threshold Algorithm Class），並證明其最壞情況相對誤差界為 $6/5$[3]。

(3) 異序作業調度問題

與經典的異序作業調度問題息息相關的有兩大難題。一是路徑問題，即如何把工序分配到各個機器上；二是排序問題，即如何確定工序的開始時間以及完成時間。在本書中，由於考慮到機器的維護活動，而如何安排維護活動又是異序作業調度問題面臨的新難題，這在一定程度上加大了原問題的難度係數。Chan 對於考慮維護時間的異序作業調度問題進行了研究，並設計了一種基於遺傳算法的啟發式算法。Gao 等針對此問題也給出了一個改進的遺傳算法，並證明了他的計算結果要優於

---

① Kellerer H. Algorithms for multiprocessor scheduling with machine release times [J]. IIE Transactions, 1998, 30 (11): 991-999.

② Yong H. The multifit algorithm for set partitioning containing kernels [J]. Applied Mathematics-A Journal of Chinese Universities, 1999, 14 (2): 227-232.

③ Liao C, Shyur D, Lin C. Makespan minimization for two parallel machines with an availability constraint [J]. European Journal of Operational Research, 2005, 160 (2): 445-456.

④ Lin C, Liao C. Makespan minimization for two parallel machines with an unavailable period on each machine [J]. The International Journal of Advanced Manufacturing Technology, 2007, 33 (9-10): 1024-1030.

Xia 和 Wu[1][2]。

(4) 流水作業調度問題

傳統的流水作業車間調度沒有緩衝庫存約束，即機器與機器之間的緩衝庫存是無限的。若機器只有兩臺，其中某工件已經被一臺機器加工完畢，與此同時，另一臺機器正在加工另一工件，則將該工件存放起來等待第一臺機器上的工件加工完畢，然後再加工這個工件。根據機器的臺數，分為兩臺機器和多臺機器。對於兩機流水作業問題，Lee 證明了只要有一臺機器上有一個維護時段，則是 NP 難的[3]。後來，Lee 又給出了此問題（第一臺機器上有維護時間）的一個動態規劃算法。由於此問題是 NP 難的，沒有精確算法，Allaoui 給出了一個最壞情形誤差界為 1 的算法，Lee 設計了一個時間複雜度為 $O(n\log n)$ 的啓發式算法，Cheng 給出了最壞情形誤差界為 1/3 的啓發式算法，Breit 為此問題構造了一個相對誤差界為 1/4 的啓發式算法，Ng 和 Kovalyov 則將此問題與分割問題（Similar Partition Type Problem）進行歸結，設計了一個時間複雜度為 $O(n^5/\varepsilon^4)$ 的 FPTAS（Fully Polynomial-Time Approximation Scheme）[4]。如果此問題中的時間能夠調整，Wang 和 Cheng 則為此問題設計了一個 PTAS 和一個誤差界為 2/3 的啓發式算法[5][6]。如果此問題中

---

[1] Gao J, Gen M, Sun L. Scheduling jobs and maintenances in flexible job shop with a hybrid genetic algorithm [J]. Journal of Intelligent Manufacturing, 2006, 17 (4): 493-507.

[2] Xia W, Wu Z. An effective hybrid optimization approach for multi-objective flexible job-shop scheduling problems [J]. Computers & Industrial Engineering, 2005, 48 (2): 409-425.

[3] Lee C Y. Minimizing the makespan in the two-machine flowshop scheduling problem with an availability constraint [J]. Operations Research Letters, 1997, 20 (3): 129-139.

[4] Ng C, Kovalyov M Y. An fptas for scheduling a two-machine flowshop with one unavailability interval [J]. Naval Research Logistics, 2004, 51 (3): 307-315.

[5] Wang X, Cheng T E. An approximation scheme for two-machine flowshop scheduling with setup times and an availability constraint [J]. Computers & Operations Research, 2007, 34 (10): 2894-2901.

[6] Wang X, Cheng T E. Heuristics for two-machine flowshop scheduling with setup times and an availability constraint [J]. Computers & Operations Research, 2007, 34 (1): 152-162.

的工件加工可以中斷，Breit 為此問題設計了一個 PTAS。

如果維護時間是安排在第二臺機器上，則 Lee 證明了此問題是弱 NP 難的，並設計了一個啟發式算法，算法的時間複雜度為 $O(n\log n)$。Ng 和 Kovalyov 也為此問題設計了一個 FPTAS[1]。若每臺機器上都有機器準備時間，Lee 給出了它的最優算法 JA。

如果每臺機器上都存在任意多個維護時段，Blazewicz 提出了兩個構造型啟發式算法（constructive heuristic）和一個局域搜索（局域搜索微模擬退火）型啟發式算法（local search heuristic）。Kubiak 等則證明了只要有任意多個維護時段發生在一臺機器上，問題就是 NP 難的[2]。Kubzin 等為此問題設計了一個快速啟發式算法，相對誤差界為 1[3]。

若工件的加工是部分可續的或者不可續的，Lee 研究了三種情形：第一臺機器上有一個維護時段，第二臺機器上有一個維護時段以及兩臺機器上各有一個維護時段，並給出了相應的啟發式算法[4]。Kubzin 為第二臺機器上有一個維護時段的問題設計了一個 PTAS。對於不可續的情形，Allaoui 等考慮了僅在第一臺機器上有一個維護時段的問題，並為此問題設計了一個複雜度與工件加工時間無關的動態規劃算法[5]。

Gilmore 和 Hall 分別在 1964 年與 1966 年證明了經典的兩臺機器無

---

[1] Ng C, Kovalyov M Y. An fptas for scheduling a two-machine flowshop with one unavailability interval [J]. Naval Research Logistics, 2004, 51 (3): 307-315.

[2] Kubiak W, Formanowicz P, Breit J, et al. Two-machine flow shops with limited machine availability. European Journal of Operational Research, 2002, 136 (3): 528-540.

[3] Kubzin M A, Potts C N, Strusevich V A. Approximation results for flow shop scheduling problems with machine availability constraints [J]. Computers & Operations Research, 2009, 36 (2): 379-390.

[4] Lee C Y. Two-machine flowshop scheduling with availability constraints [J]. European Journal of Operational Research, 1999, 114 (2): 420-429.

[5] Allaoui H, Artiba A, Elmaghraby S, et al. Scheduling of a two-machine flowshop with availability constraints on the first machine [J]. International Journal of Production Economics, 2006, 99 (1): 16-27.

等待流水作業車間調度問題是多項式可解的[1][2]。一旦將維護時間段考慮進去（一臺機器上只有一個維護時間段），則原問題是 NP 難的。如果機器上的維護時間段有多個，則原問題就是強 NP 難的[3][4]。對於第一臺機器上只有一個維護時間段的調度問題，Espinouse 設計了一個基於 Gilmore-Gomory 算法（GGA）的算法複雜度為 $O(nlogn)$ 的啓發式算法。後來，Wang 對不可續情形進行了研究，給出了一個相對誤差界為 2/3 的改進算法。Cheng 又為此問題提出了一個 PTAS 和一個時間複雜度為 $O(n^2logn)$ 的 3/2-近似算法。對於第二臺機器上只有一個維護時間段的情形，Espinouse 提出了一個基於 GGA 的相對誤差界為 1 的啓發式算法；Wang 和 Cheng 設計了一個改進算法，相對誤差為 2/3[5]；Cheng 提出了一個 3/2- 近似算法。

對於兩臺機器上都有維護時間段的情形，Cheng 設計了一個 PTAS。如果兩臺機器上的維護時間段重合，Cheng 提供了一個相對誤差為 3/2 的近似算法[6]。對於每臺機器上有多個維護時間段的情形，Aggoune 先後設計了一個基於禁忌搜索和遺傳算法相結合的啓發式算法以及一個延遲幾何方法（temporized geometric approach）。對於混合流水作業（hybrid flow

---

[1] Gilmore P C, Gomory R E. Sequencing a one state-variable machine: A solvable case of the traveling salesman problem [J]. Operations Research, 1964, 12 (5): 655-679.

[2] Hall N G, Sriskandarajah C. A survey of machine scheduling problems with blocking and no-wait in process [J]. Operations Research, 1996, 44 (3): 510-525.

[3] Espinouse M L, Formanowicz P, Penz B. Minimizing the makespan in the two-machine no-wait flow-shop with limited machine availability [J]. Computers & Industrial Engineering, 1999, 37 (1): 497-500.

[4] Espinouse M L, Formanowicz P, Penz B. Complexity results and approxima tion algorithms for the two machine no-wait flow-shop with limited machine availability [J]. Journal of the Operational Research Society, 2001, 52 (1): 116-121.

[5] Wang G, Cheng T E. Heuristics for two-machine no-wait flowshop scheduling with an availability constraint [J]. Information Processing Letters, 2001, 80 (6): 305-309.

[6] Cheng T E, Liu Z. 32-approximation for two-machine no-wait flowshop scheduling with availability constraints [J]. Information Processing Letters, 2003, 88 (4): 161-165.

shop)問題，Allaoui，Xie[①]等分別進行了研究，這些問題都是 NP 難的，他們也相應地給出了近似算法。

2. 彈性維護時間段的調度問題

(1) 維護時間段對應時間窗情形

如果機器上只存在一個維護時間段，Yang 等證明了目標函數為最小化時間表長的單機調度問題是 NP 難的，並設計了一種啓發式算法，此算法融合了 LPT 規則[②]。對於目標函數是最小化總延誤時間的單機問題，Chen 證明了其是 NP 難的，並構造了一個混合 0-1 整數規劃（Binary Integer Programming，BIP）模型。針對機器上的維護時間段有多個的情況，Chen 設計了一種結合遺傳算法和禁忌搜索算法的啓發式算法。

通常將機器上有多個維護時間段且間隔時間相等的情形稱之為彈性週期維護（flexible and periodic maintenance）。對於目標函數是平均流水時間的單機問題，Chen 證明了其是強 NP 難的，構造了 4 個混合的0-1整數規劃模型，並設計了一個啓發式算法[③]。當目標函數是最小化時間表長時，此單機調度問題依然是強 NP-難的，Chen 為此問題構造了一個相對誤差為 1 的啓發式算法[④⑤]。隨後，Lau 和 Zhang 分別研究了四個

[①] Xie J, Wang X. Complexity and algorithms for two-stage flexible flowshop scheduling with availability constraints [J]. Computers & Mathematics with Applications, 2005, 50 (10): 1629-1638.

[②] Yang D, Hung C, Hsu C J, et al. Minimizing the makespan in a single machine scheduling problem with a flexible maintenance [J]. Journal of the Chinese Institute of Industrial Engineers, 2002, 19 (1): 63-66.

[③] Chen J. Single-machine scheduling with flexible and periodic maintenance [J]. Journal of the Operational Research Society, 2006, 57 (6): 703-710.

[④] Chen J. Scheduling of nonresumable jobs and flexible maintenance activities on a single machine to minimize makespan [J]. European Journal of Operational Research, 2008, 190 (1): 90-102.

[⑤] Xu D, Yin Y, Li H. A note on「scheduling of nonresumable jobs and flexible maintenance activities on a single machine to minimize makespan」[J]. European Journal of Operational Research, 2009, 197 (2): 825-827.

基於不同工件特徵和目標函數的單機調度問題，並分析了這些問題的計算複雜性以及相應啟發式算法的性能①。對於彈性異序作業車間調度問題，Gao 等研究了在不同目標函數下的問題。這些目標函數包括最大機器負載量（maximal machine workload）、最大完工時間和機器總負載量（total workload of the machines）②。

如果是概週期維護問題，Xu 等研究了目標函數是最小化時間表長的平行機調度問題，證明了此問題是 NP 難的，並設計了一個 $2t/s-$ 近似算法③。

(2) 機器連續工作時間受限

針對機器在連續工作一段時間後必須對某些部件進行更換的情形，Mosheiov 和 Sarig 證明了目標函數是加權完工時間和的單機調度問題是 NP 難的，並設計了一個有效的啟發式算法④。如果機器的類型是同型機，Lee 證明了不論是在機器的維護活動可以同時進行的情況還是任意時刻只能維護一臺機器的情形，此問題都是 NP 難的。為解決此問題，Lee 和 Chen 設計了相應的分枝定界算法⑤。若機器的類型是平行機，目標函數是完工時間和，levin 等證明了維護活動必須同時進行的情形是 NP 難的，並設計了一個雙目標 FPTAS、一個算法時間為擬多項式的動態規劃算法以及一個啟發式算法⑥。對於非同類機完工時間和問題，

---

① Lau H C, Zhang C. Job scheduling with unfixed availability constraints [J]. Research Collection School of Information Systems, 2004.

② Gao J, Gen M, Sun L. Scheduling jobs and maintenances in flexible job shop with a hybrid genetic algorithm [J]. Journal of Intelligent Manufacturing, 2006, 17 (4): 493-507.

③ Xu D, Sun K, Li H. Parallel machine scheduling with almost periodic main- tenance and non-preemptive jobs to minimize makespan [J]. Computers & Operations Research, 2008, 35 (4): 1344-1349.

④ Mosheiov G, Sarig A. Scheduling a maintenance activity to minimize total weighted completion -time [J]. Computers & Mathematics with Applications, 2009, 57 (4): 619-623.

⑤ Lee C Y, Chen Z. Scheduling jobs and maintenance activities on parallel machines [J]. Naval Research Logistics, 2000, 47 (2): 145-165.

⑥ Levin A, Mosheiov G, Sarig A. Scheduling a maintenance activity on parallel identical machines [J]. Naval Research Logistics, 2009, 56 (1): 33-41.

Mosheiov 構造了一個啓發式算法①。對於兩機流水作業最大完工時間問題，Allaoui 等證明了此問題是 NP 難的，並給出了一個啓發式算法②。

針對每臺機器的維護時間段都有多個的情形，Qi 等證明了目標函數是完工時間和的單機問題是 NP 難的，並分別設計了 SPT 算法、FBH 算法及 CH 算法和一個分枝定界算法③，其中 SPT 算法和 EDD 算法的相對誤差界為 1④。Akturk 等針對更換時間的長短進行了研究，得出的結論為：如果更換時間很短，SPT 算法是可行的⑤。Sbihi 和 Varnier 對目標函數為最大延誤時間的單機調度問題進行了研究，同時給出了兩種算法（啓發式算法和分枝定界算法）⑥。如果此問題的目標函數是誤工時間總和，Chen 為其設計了兩個混合 0-1 整數規劃模型。針對如果機器類型是兩臺同型機的情況，Sun 和 Li 以及 Lee 和 Liman 分別對其進行了研究，並證明了 SPT 算法在此問題中的相對誤差⑦⑧。如果調度的週期與維護的週期差距很大時，該問題都是NP 難的。

---

① Mosheiov G, Sarig A. A note: Simple heuristics for scheduling a mainte nance activity on unrelated machines [J]. Computers & Operations Research, 2009, 36 (10): 2759-2762.

② Allaoui H, Lamouri S, Artiba A, et al. Simultaneously scheduling n jobs and the preventive maintenance on the two-machine flow shop to minimize the makespan [J]. International Journal of Production Economics, 2008, 112 (1): 161-167.

③ Qi X, Chen T, Tu F. Scheduling the maintenance on a single machine [J]. Journal of the Operational Research Society, 1999, 1071-1078.

④ Qi X. A note on worst-case performance of heuristics for maintenance scheduling problems [J]. Discrete Applied Mathematics, 2007, 155 (3): 416-422.

⑤ Akturk M S, Ghosh J B, Gunes E D. Scheduling with tool changes to mini- mize total completion time: a study of heuristics and their performance [J]. Naval Research Logistics (NRL), 2003, 50 (1): 15-30.

⑥ Sbihi M, Varnier C. Single-machine scheduling with periodic and flexible periodic maintenance to minimize maximum tardiness [J]. Computers & Industrial Engineering, 2008, 55 (4): 830-840.

⑦ Sun K, Li H. Scheduling problems with multiple maintenance activities and non-preemptive jobs on two identical parallel machines [J]. International Journal of Production Economics, 2010, 124 (1): 151-158.

⑧ Lee C Y, Liman S D. Capacitated two-parallel machines scheduling to minimize sum of job completion times. Discrete Applied Mathematics, 1993, 41 (3): 211-222.

3. 調度問題的研究方法

機器調度問題是典型的組合優化問題。對於決策者而言，尋找最優的資源分配方案使其某些性能指標最優是核心利益所在。生產管理中的作業調度方案的優劣直接影響到製造企業的生產效率、服務質量以及製造企業對市場需求的分析能力。因此，機器調度問題吸引著許許多多國內外的學者對其進行深入研究。一般而言，機器調度問題的建模與算法是主要集中的研究內容。根據算法的精度加以區分，機器調度問題的算法有精確算法和近似算法，其具體分類如圖 1-19 所示。精確算法可以得到調度問題的最優解，例如，對於最小化加權完工時間和的單機調度問題，SPT 規則算法即是該問題的精確算法[①]。但是，精確算法只適用於規模小的簡單問題，一旦問題的複雜程度增加，規模也增大，精確算法的算法複雜度便會按指數級進行增長。到目前為止，已經設計出來的精確算法種類較多，主要代表有分枝定界法（Branch and Bounded）、整數規劃法（Integer Programming）、拉格朗日法（Lagrange Relaxation）以及動態規劃（Dynamic Programming）等。

然而，隨著生產調度問題研究的深入，其規模越來越大，複雜度也越來越高，精確算法已無法滿足調度問題的求解需求，因此，近似算法逐漸納入學者們的研究範圍內。近似算法的基本思路是用近似最優解替代最優解，從而簡化算法設計和降低時間複雜度。衡量近似算法的性能有兩個重要的標準，計算的時間複雜性和求解的近似程度。目前，近似算法的種類繁多，最典型的代表是啓發式算法。啓發式算法又有構造性啓發式算法和元啓發式算法之分。

構造性啓發式算法只要根據機器調度問題的信息或制定一組規則就可以對問題進行求解。高效的運行速度是其主要優勢。1960 年，Gimer 提出了一種優先分則框架算法，此算法是最早的構造性啓發式算法。

[①] Smith W E. Various optimizers for single-stage production [J]. Naval Research Logistics Quarterly, 1956, 3 (1-2): 59-66.

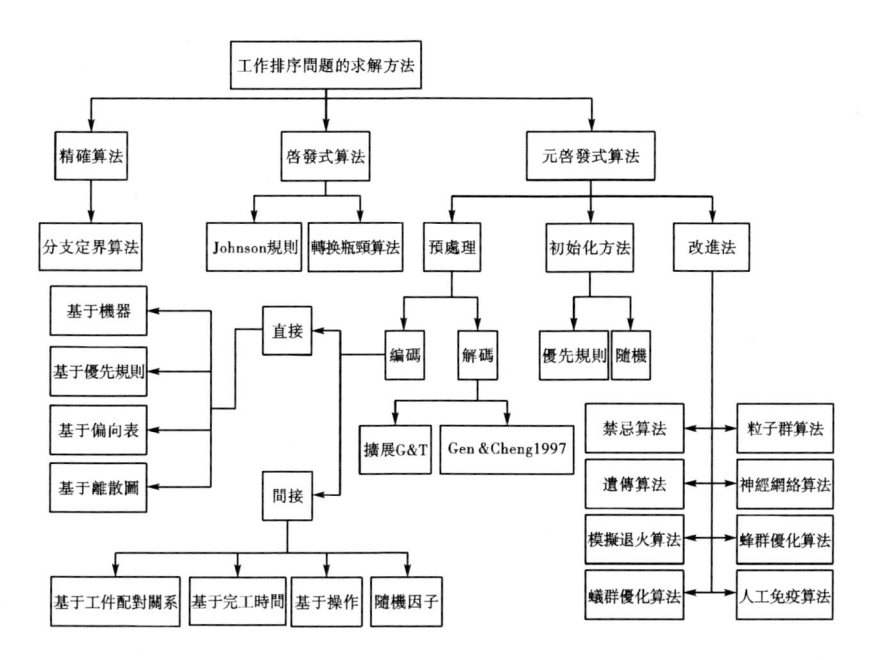

圖 1-19 機器調度問題的研究方法

1977年，Panwalker 和 Iskander 對調度問題進行總結，最後得出 100 多種調度規則，例如最短工件優先加工（SPT）、先到優先規則、交貨期優先規則（EDD）及剩餘時間最短優先等①。其中 SPT 規則能夠減少所有工件的平均流程時間，EDD 規則有利於優化工件的延遲問題。利用基本的調度規則可以求解某些機器調度問題，但是有時候需要結合兩個或者加權組合來求解問題，例如，Vepsalainen 等在 1987 年提出了一組針對最小化加權延期費用的異序作業調度問題的排序規則。Jin 等設計了裝配車間調度規則來求解自動和手控混合的機器調度問題，通過仿真實驗的模擬，證明此規則有利於降低平均延期時間。

由於調度規則的啟發式算法會隨著調度問題規模的增大和複雜度的增加而出現質量下降的劣勢，因此，不少學者開始設計其他構造性啟發

---

① Panwalkar S S, Iskander W. A survey of scheduling rules [J]. Operations Research, 1977, 25 (1): 45-61.

式算法。例如，1983年，Nawaz等為同序作業調度問題設計了NEH算法，通過仿真實驗的模擬，證明此算法在求解許多典型的同序作業調度問題時都可以得到目前為止最好的解①。之後，Kalczynski和Kamburowski又對此NEH算法進行了改進②③。2007年，國內的陳萍等針對Kalcznski等設計的改進NEH算法進行驗證，並在此基礎上提出了一種新的NEHD算法④。

對於典型的異序作業調度問題，Adams等在1988年提出了移動瓶頸（Shifting Bottleneck，SB）方法⑤。該算法具有較好的調度性能，但是計算時間過長。因此國內學者謝志強等分別在2003年和2008年設計了基於擬關鍵路徑法（ACPM）和最佳適應調度方法（BFSM）的動態異序作業調度算法以及可動態生成具有優先級工序集的動態異序作業調度算法⑥⑦。

總而言之，構造性啓發算法具有簡單、易於實現的優點，對於簡單的調度問題可以直接求出最優解。如果調度問題複雜且規模大，則可以為其他迭代算法提供比較好的初始解。

元啓發式算法是指通過反覆的迭代對候選解進行優化的算法。一般情況下，此類算法對源問題的相關信息需求較少，甚至不需要。隨著對

---

① Nawaz M, Enscore E E, Ham I. A heuristic algorithm for the m-machine, n-job flow-shop sequencing problem [J]. Omega, 1983, 11 (1): 91-95.

② Kalczynski P J, Kamburowski J. On the neh heuristic for minimizing the makespan in permutation flow shops [J]. Omega, 2007, 35 (1): 53-60.

③ Kalczynski P J, Kamburowski J. An improved neh heuristic to minimize makespan in permutation flow shops [J]. Computers & Operations Research, 2008, 35 (9): 3001-3008.

④ 陳萍，黃厚寬，董興業. 求解卸裝一體化的車輛路徑問題的混合啓發式算法 [J]. 計算機學報，2008，31 (4): 565-573.

⑤ Adams J, Balas E, Zawack D. The shifting bottleneck procedure for job shop scheduling [J]. Management Science, 1988, 34 (3): 391-401.

⑥ 謝志強，劉勝輝，喬佩利. 基於acpm和bfsm的動態job-shop調度算法 [J]. 計算機研究與發展，2003，40 (7): 977-983.

⑦ 謝志強，楊靜，楊光，等. 可動態生成具有優先級工序集的動態job-shop調度算法 [J]. 計算機學報，2008，31 (3): 502-508.

問題研究的深入，元啓發式算法的種類日漸繁多，主要代表有遺傳算法（GA）、粒子群算法、模擬退火算法、蟻群優化算法及禁忌搜索算法等。除此之外，能夠用來求解機器調度問題的方法有進化規劃（Evolution Programming，EP）、差分進化算法（Differential Evolution，DE）[1][2]、遺傳規劃（Genetic Programming，GP）[3]、變鄰域搜索（Variable Neighbor Search，VNS）[4]及巢分區法（Nested Partitions Method，NPM）[5]等。

1.3 研究思路

我們通過分別對加工時間模糊、考慮維護時間的機器調度問題以及模糊環境的現有文獻進行回顧整理以後，形成了本書的研究思路。

遵循問題導向的研究思路，通過深入調研發現問題，抽象提煉分析問題，理論推演構建模型，改進創新設計算法，實踐應用剖析案例。從製造企業的生產管理的作業計劃問題入手，歸納其具體問題的概念模型，並進一步建立相應的決策模型，分析其數學性質和解的空間特性，針對模型的結構特性設計相應的求解算法，最後在實際應用中檢驗方法的有效性、科學性、合理性和實用性。這一過程也遵循了「實踐—理論—實踐」的認識路線。本書的研究思路如圖 1-20 所示。

---

[1] Fogel L J, Owens A J, Walsh M J. Artificial intelligence through simulated evolution [M]. New York: Wiley, 1966.

[2] Schmidt G. Scheduling with limited machine availability [J]. European Journal of Operational Research, 2000, 121 (1): 1-15.

[3] Koza J R, Rice J P. Genetic programming II: automatic discovery of reusable programs [J]. Operational Research, 1994, 1 (4): 80-89.

[4] 潘全科，朱劍英. 解決無等待流水線調度問題的變鄰域搜索算法 [J]. 中國機械工程，2006, 17 (16): 1741-1743.

[5] Shi L, Ólafsson S. Nested partitions method for global optimization [J]. Operations Research, 2000, 48 (3): 390-407.

```
發現問題  →  機器調度—生產管理系統
  ↓                ↓
分析問題  →  生產計劃、維護計劃
  ↓                ↓
構建模型  →  多目標決策模型
  ↓                ↓
設計算法  →  遺傳算法、粒子群算法化學反應算法
  ↓                ↓
算例分析  →  檢驗
```

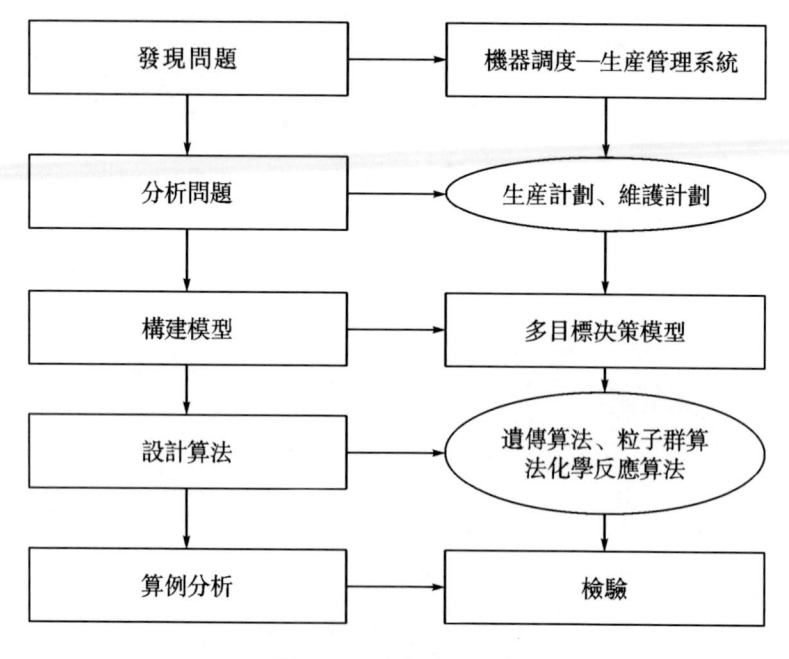

圖 1-20　本書研究思路

一是發現問題。本書的研究目的是解決製造企業在生產管理的作業計劃過程中對工件進行加工時產生的「生產計劃—維護計劃」的優化問題。

二是分析問題。本書將調研發現的關鍵問題，從理論視角進行深入分析，提煉出機器調度「生產—維護」優化的深層原理。根據實際問題的具體情況，建立起問題的概念模型，闡述其關鍵要素，探索內在本質，分析概念模型中各個關鍵要素所蘊含的物理性質及其相互之間的物理聯繫，從理論上概括出這種問題的數學模型的物理原型。

三是構建模型。本書在對問題進行深入分析的基礎上，針對相關問題的模糊性與多目標性，構建了相應的數學模型，通過優化時間、成本等，以達到合理設計生產計劃和維護計劃、提高製造企業的生產效率及降低營運成本的目的。

四是設計算法。本書基於規範的數學模型的性質與特點，針對具體

問題，設計求解算法。基於啓發式算法，如遺傳算法、粒子群優化算法以及化學反應算法的設計思路，將模型的特點融入算法設計之中，形成求解多目標問題機器調度問題的改進的啓發式算法，以提高計算效率和穩定性，縮短求解時間。

五是算例分析。本書將模型構建的方法與設計的思路應用於相應的數值算例中，以檢驗建模與計算方法的科學性、有效性、合理性和實用性，通過對算例的剖析，對計算結果進行深入分析，發現結果的內在本質規律，得出機器調度問題的一般性原則，總結重要的相關結論。

可見，本書主體內容是由淺入深、由分到總的，每一章分別討論了不同的模糊現象、不同的模糊轉化模型以及具體的求解算法，每一章的內容相互呼應，都有問題描述、優化建模、模型分析、算法設計、數值算例五個方面。技術路線以機器調度理論、組織管理理論為指導，以決策科學理論為主要工具，以智能算法基礎為主要技術，以實際應用為主線展開研究。

1.4 研究內容

本書分為導論、理論基礎、模糊加工時間彈性維護活動的單機調度問題、模糊加工時間彈性維護活動的異序作業調度問題以及模糊隨機維護時間窗的單機調度問題、結論與展望六章。研究內容結構圖如圖1-21所示。每一章的內容總結如下：

第一章為導論，介紹了研究背景，帶維護時間的機器調度問題與模糊環境下的機器調度問題研究現狀，通過文獻綜述對國內外的相關研究進行了總體評述，在此基礎上提出了研究框架。

第二章為理論基礎，概述了本書研究內容所涉及的調度理論、模糊型不確定理論、可靠性理論以及智能算法基礎知識。

圖 1-21　內容結構

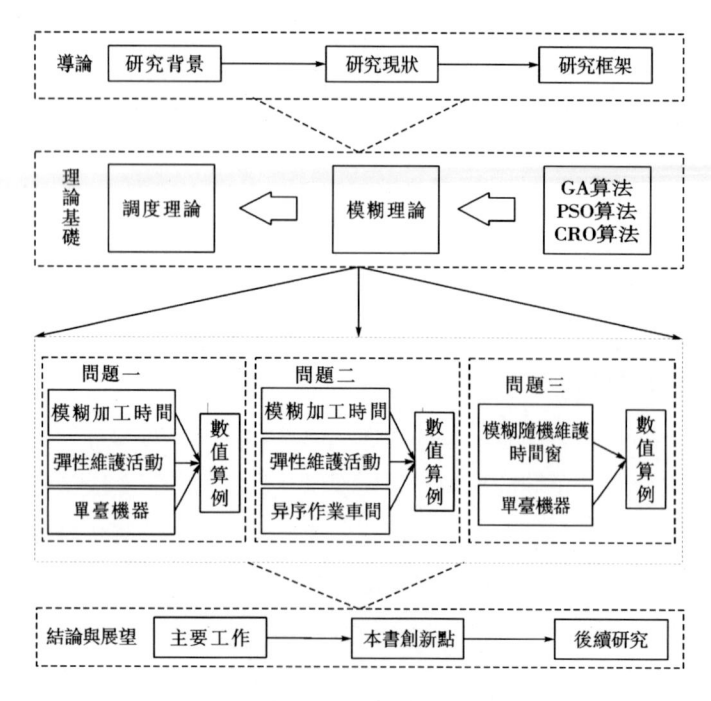

　　第三章針對模糊加工時間彈性維護活動的單機調度問題，採用威布爾分佈函數描述機器在運行過程中發生故障的時間的隨機性，推導了機器故障概率與故障發生時間之間的關係方程，引入帶樂觀-悲觀指標的期望算子對模糊參數進行清晰化處理。根據模型的特點，我們設計了基於二進制編碼與序列編碼相結合的具有加權適應度的多目標遺傳算法，並以某車橋廠為案例進行了計算分析，結果證明了模型和算法的優化的有效性。通過與單獨考慮維護計劃與生產計劃的比較發現，聯合考慮維護計劃與生產計劃對提高製造企業的整體效率是有效的。

　　第四章針對模糊加工時間彈性維護活動的異序作業調度問題，運用模糊集的理論建立了相應的調度模型。針對該複雜模型，本章給出了基於化學反應算法和模擬退火搜索算法的混合智能算法的框架。由於此模型中存在模糊因素，本書對化學反應算法的四種基元反應做了相應的改

進，同時增加了一種有效的交叉操作算子。單純地依靠某一種算法，容易陷入局部最優。本章在化學反應算法的局部搜索過程中加入模擬退火搜索算，進一步提高了算法性能。通過分析某車橋廠車橋加工過程證明了化學反應-模擬退火搜索算法的尋優能力。大規模加工時間模糊、維護時間可調的異序作業車間調度問題的試驗結果驗證了算法求解大規模問題的能力。

第五章針對模糊隨機維護時間窗的單機調度問題，採用模糊隨機變量來描述維護時間窗的模糊性與隨機性，並綜合考慮決策者對生產計劃的加權完工時間和以及維護計劃的時效性的雙重目標。此問題是一個 NP 難的問題，無法用精確算法得出最優解。根據模型的特點，本章提出將 FFD 規則與加權最短加工時間優先（WSPT）規則相結合的改進全局-局部-臨近點粒子群算法（GLNPSO-ff）。通過與單純考慮模糊性與隨機性的實例分析比較，我們發現綜合考慮模糊隨機更接近實際。通過與傳統遺傳算法以及經典粒子群算法的比較，證明了 GLNPSO-ff 算法的有效性和科學性。

第六章為結論與展望，主要是對全書的主要工作和結論進行總結，說明研究的創新點和未來的研究方向。

2 理論基礎

為了研究模糊型環境下帶維護時間的機器調度問題，需要對調度問題的基本知識及求解算法的基本理論進行回顧。這一章主要介紹調度問題及模糊的基本知識和相關的啓發式智能算法。

2.1 調度理論

一般而言，一個具體的調度問題包含三個基本的信息：機器環境、工件特徵以及最優準則。

1. 機器環境

機器環境用來描述機器的數量、不同機器之間的關係等以及與機器有關的性質。

(1) 單機調度問題（single machine）。生產車間內只有一臺機器，需要加工的工件都只有一道工序，並且所有工件都必須在該機器上加工。

(2) 平行機調度問題（parallel machine）。生產車間內有一組功能相同的機器（一般設為 m 臺，記為 P_m，m 是一個固定的正整數），需要加工的工件都只有一道工序，可以選擇任意一臺機器來加工工件（如果 m 不出現，即 P，則表示機器個數是任意的）。

(3) 流水車間調度問題（flow shop）。生產車間內有一組功能不同的機器（一般設為 m 臺，記為 F_m，m 是一個固定的正整數），需要加工的工件包含多道工序，每道工序在一臺機器上加工，所有工件的加工

路線都是相同的（如果 m 不出現，即 F，則表示機器個數是任意的）。

（4）異序作業調度問題（job shop）。生產車間內有一組功能不同的機器（一般設為 m 臺，記為 J_m，m 是一個固定的正整數），需要加工的工件包含多道工序，每道工序在一臺機器上加工，工件的加工路線互不相同（如果 m 不出現，即 J，則表示機器個數是任意的）。

2. 工件特徵

工件特徵，一般是指有關工件的各種加工信息，例如工件的開工時間、加工時間（processing time）、就緒時間、工件的交貨期（due date）、工件的權重（weight）、完工時間（completion time）、運行時間（flow time）、延遲（lateness）、延誤（tardiness）或提前（earliness）等。

加工時間也稱為服務時間（service time）或執行時間（execution time），主要是指工件 J_j 在機器 M_i 上加工所需的（非負的）時間，可以用 p_{ij} 來表示。

就緒時間也稱到達時間（arrival time）、準備時間（ready time）或釋放（放行）時間（release time），主要是指工件 J_j 可以開始加工的時間，可以用 r_j 來表示。如果所有的工件都同時就緒，可以認為 $r_j=0$（$j=1,\cdots,n$）。

交貨期 d_j 表示工件 J_j 的所有工序的加工都應該結束的時刻。

權重 w_j 表示工件 J_j 的重要性。

完工時間表示在機器和工件的一種安排下，對應於一張時間表（schedule）的輸出數據有完工時間（completion time）C_j，是工件 J_j 的最後一道工序實際結束加工的時刻。

運行時間 $F_j = C_j - r_j$。

延遲 $L_j = C_j - d_j$。

延誤 $T_j = \max\{L_j, 0\}$。

提前 $E_j = \max\{-L_j, 0\}$。

3. 最優準則

最優準則，也就是目標函數，一般有最小化和最大化兩種，常見的

最小化目標函數有如下 6 個。

(1) 最大完工時間（makespan）$C_{\max} = \max\{C_j \mid 1 \leq i \leq n\}$。

(2) 加權完工時間和（total weighted completion time）$\sum_{i=1}^{n} w_i C_i$。特別地，當所有工件的權重相同時，此目標函數轉化為完工時間和。

(3) 最大延遲時間（lateness）$L_{\max} = \max\{L_i \mid 1 \leq i \leq n\}$，其中 L_i 為工件的延遲時間，$L_i = C_i - d_i$。

(4) 最大延誤時間（tardiness）$T_{\max} = \max\{T_i \mid 1 \leq i \leq n\}$，其中 T_i 為工件的延遲時間，$T_i = \max\{L_i, 0\}$。

(5) 延誤時間和（total tardiness）$\sum T_i = \sum_{i=1}^{n} T_i$。

(6) 誤工工件數（number of tardy jobs）$U = \sum_{i=1}^{n} T_i$，其中 $U_i = \begin{cases} 1, & C_i > d_i \\ 0, & C_i < d_i \end{cases}$。

常見的最大化目標函數是：

最小完工時間（minimum completion time）$C_{\min} = \min\{C_i \mid 1 \leq i \leq n\}$。

2.2　模糊理論

在實際生產管理中，工件的加工過程中存在各種各樣的不確定因素，例如，原材料推遲到達等，工件的加工時間無法用確定值來表達，只能給定一個時間範圍。下面首先介紹模糊性的相關定義與性質。

假設 $\mathfrak{A}$ 為論域，通常定義一個普通集合 A 為 $\mathfrak{A}$ 中某些元素 $x(x \in \mathfrak{A})$ 的全體。對於論域 $\mathfrak{A}$ 中的每一個元素，或者屬於 A，或者不屬於 A，$A \subset \mathfrak{A}$。這種集合的描述方式多種多樣，主要代表有：列舉法，即列舉出該集合中的全體元素；解析法，即用等式或者不等式約束來描述該集

合中的元素；特徵函數法，即通過特徵函數來定義元素，若此元素屬於該集合，則特徵函數值為 1，否則特徵函數取值為 0。然而，實際生活中，往往存在模棱兩可的狀態，即元素與集合的隸屬關係不夠清晰。例如，「近似等於 20」「年輕人」「滿意」等。這些都無法用經典的概率論或者集合論來描述。1965 年，Zadeh 最早提出用模糊集的概念來處理這種不清晰情況[1]。隨後，Kaufmann 和 Swanson 在 1975 年提出模糊變量[2]。1978 年，Zadeh 通過對模糊變量的深入研究提出可能性理論[3]。後來又吸引了許多學者對可能性理論進行研究，例如 Dubois 和 Prade[4]。在概率理論中，可以用概率分佈函數來表示隨機變量，而在可能性理論中，模糊變量則是用可能性分佈函數描述的。在可能性理論被提出後的 40 多年裡，模糊集理論發展迅速，日漸成熟。這裡簡要介紹模糊集以及模糊隸屬函數等基本概念。

【定義 2.1】（模糊集）[5]　假設 $\mathfrak{A}$ 為論域，令 $\tilde{A}$ 為論域 $\mathfrak{A}$ 的一個子集。對 $\forall x \in \mathfrak{A}$，函數 $\mu_{\tilde{A}}: \mathfrak{A} \to [0, 1]$ 都指定了一個值 $\mu_{\tilde{A}}(x): \mathfrak{A} \to [0, 1]$ 與之對應。$\mu_{\tilde{A}}(x)$ 在元素 x 處的值反應了元素 x 隸屬於 $\tilde{A}$ 的程度，稱集合 $\tilde{A}$ 為模糊子集，$\mu_{\tilde{A}}(x)$ 稱為 $\tilde{A}$ 的隸屬函數，記作

$$\tilde{A} = \{(x, \mu_{\tilde{A}}(x)) | x \in X\}.$$

基於上述定義，不難發現模糊集概念實質上是對傳統集合概念的擴展。事實上，模糊集 $\tilde{A}$ 由隸屬函數 $\mu_{\tilde{A}}(x)$ 來刻畫。當隸屬函數 $\mu_{\tilde{A}}(x) = \{0, 1\}$ 時，則模糊集 $\tilde{A}$ 退化為一個普通的集合 A。

---

[1]　Zadeh L A. Fuzzy sets [J]. Information and Control, 1965, 8 (3): 338-353.

[2]　Kaufmann A, Swanson D L. Introduction to the theory of fuzzy subsets [M]. NewYork: Academic Press New York, 1975.

[3]　Zadeh L A. The concept of a linguistic variable and its application to approx imate reasoning [M]. Berlin: Springer, 1974.

[4]　Dubois D, Prade H. Possibility Theory [M]. Berlin: Springer, 1988.

[5]　H. J. Zimmermann. Fuzzy set theory and its applications [M]. Berlin: Springer Science & Business Media, 2001.

【定義 2.2】（置信水平）模糊集 $\tilde{A}$ 的 α-截集定義為 $A_\alpha = \{x \in X \mid \mu_{\tilde{A}}(x) \geq \alpha\}$，$\alpha \in [0, 1]$，稱 α 為模糊集 $\tilde{A}$ 的置信水平值。

顯而易見，α-截集 A_α 是一個普通的集合。

【定義 2.3】（模糊數）假設 $\tilde{A}$ 為一個模糊集，它的隸屬函數設為 $\mu_{\tilde{A}}(x) \to [0, 1]$。若

(1) 對 $\forall\, 0 < \alpha \leq 1$，$\tilde{A}$ 是上半連續的，即 α-截集 $A_\alpha = \{x \in X \mid \mu_{\tilde{A}}(x) \geq \alpha\}$ 是一個閉集；

(2) $\tilde{A}$ 是正規的，即 $\tilde{A} \neq \varnothing$；

(3) 對 $\forall\, 0 < \alpha \leq 1$，$\tilde{A}$ 是凸的，即 A_α 是 R 的一個凸子集；

(4) $\tilde{A}$ 的支撐的閉凸包 $A_0 = cl[co\{x \in R \mid \mu_{\tilde{A}}(x) > 0\}]$ 是緊的，則 $\tilde{A}$ 被稱為模糊數。

由定義 2.3 可知，模糊數 $\tilde{A}$ 的 α-截集 A_α 實際上是實數域 R 上的閉區間，即

$$A_\alpha = \{x \in R \mid \mu_{\tilde{A}}(x) \geq \alpha\} = [A_\alpha^L, A_\alpha^R],\ \alpha \in [0, 1].$$

其中 A_α^L 和 A_α^R 分別表示閉區間 A_α 的左端點和右端點。

模糊隸屬度函數在不同的系統中可能以不同的形式表現。在生產管理的機器調度應用中，較為常見的模糊隸屬度函數主要是三角隸屬度函數。在複雜的生產管理中，工件加工時間無法獲得準確的數值，往往通過專家群體評估的方式，所獲得的評估數據往往分佈於某一範圍，例如，加工時間的有效工作時間範圍為 $[a, b]$，而最可能的有效工作時間為 c，其中 $a \leq c \leq b$。

【定義 2.4】[①] 如果模糊數 $\tilde{A}$ 的隸屬函數形式為

---

① H. J. Zimmermann. Fuzzy set theory and its applications [M]. Berlin: Springer Science & Business Media, 2001.

$$\mu_{\tilde{A}}(x) \begin{cases} L(\dfrac{a-x}{l}), & 若 a-l \leq x \leq a, l > 0 \\ 1, & 若 x = a \\ R(\dfrac{x-a}{r}), & 若 a < x \leq a+r, r > 0 \end{cases}$$

且基準函數 $L(x)$, $R(x)$ 為連續不增函數，且 $L, R:$ [0, 1] → [0, 1], $L(0) = R(0) = 1$, $L(1) = R(1) = 0$, 則稱 $\tilde{A}$ 為 LR 模糊數，記為 $\tilde{A} = (a, l, r)_{LR}$，其中 a 為模糊數 $\tilde{A}$ 的中心值，l, r>0 分別稱為左寬度和右寬度。

特別地，當 $L(x) = R(x) = 1-x$ 時，LR 模糊數被稱為三角模糊數（Triangular Fuzzy Number, TFN），記為 $\tilde{A} = (a-l, a, a+r)$。

LR 模糊數 $\tilde{A}$ 的 α-截集 A_α 為

$$A_\alpha = [A_\alpha^L, A_\alpha^R] = [a - L^{-1}(\alpha)l, a + R^{-1}(\alpha)r], \alpha \in [0, 1]$$

圖 2-1 所示為 LR 模糊數及其 α-截集。

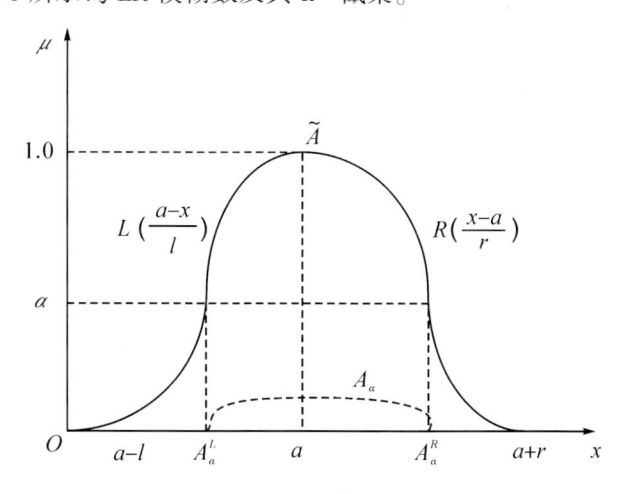

圖 2-1 LR 模糊數 $\tilde{A}$ 及其 α-截集

三角模糊數 $\tilde{A}$ 的 α-截集 A_α 可以表示為以下形式，圖示形式見圖 2-2。

$$A_\alpha = [A_\alpha^L, A_\alpha^R] = [a - (1-\alpha)l, a + (1-\alpha)r], \alpha \in [0, 1]$$

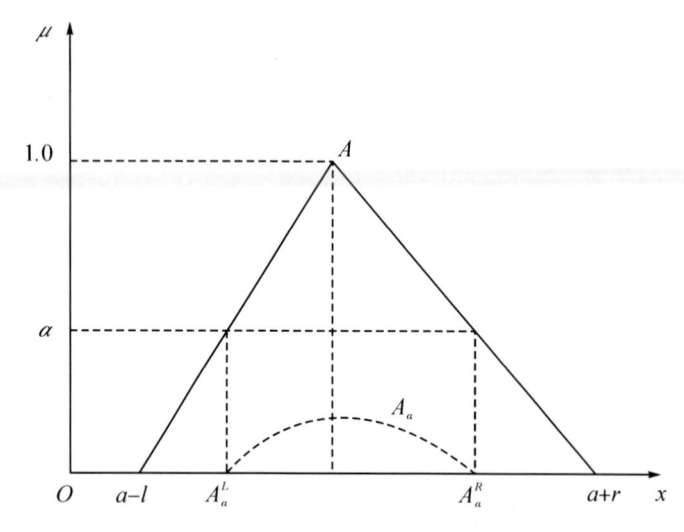

图 2-2 三角模糊数 $\tilde{A}$ 的 α-截集 A_α

在生產調度理論中，也存在不確定的因素使得某些工件特性無法用確切值來表達的情況，因此，本書採用模糊理論來處理生產調度中的不確定。模糊集理論能夠為實際生產系統提供方便的數學建模框架，同時也為解決問題的啟發式算法提供了某些優勢。

（1）在隨機概率理論中，必須提供不確定參數統計分佈的重要信息。而在模糊理論中，即便沒有可用的歷史數據、信息，也能提供一個有效的方法來模擬不確定[1]。

（2）隨機概率理論的應用涉及大量的運算，並且需要不確定時間參數的完整的統計分佈知識[2]。

（3）在生產調度理論中，與隨機概率理論相比，模糊集的利用可以降低計算複雜度。

---

[1] Anglani A, Grieco A, Guerriero E, et al. Robust scheduling of par allel machines with sequence-dependent set-up costs [J]. European Journal of Op erational Research, 2005, 161 (3): 704-720.

[2] Balasubramanian J. Grossmann I E. Scheduling optimization under uncertainty-an alternative approach [J]. Computers & Chemical Engineering, 2003, 27 (4): 469-490.

（4）模糊理論允許啓發式算法中使用模糊規則。

考慮到實際生產過程中的應用，每個工件的加工時間不盡相同，因此許多學者將加工時間設置為三角模糊數。在這種情形下，令工件 J_i 的模糊加工時間是 $\tilde{p}_i$，表達式為 (p_i^1, p_i^2, p_i^3)，其中 p_i^1 與 p_i^3 分別為它的上、下界，即最樂觀值和最悲觀值，p_i^2 為其主值，也就是最大可能值，如圖 2-3 所示。

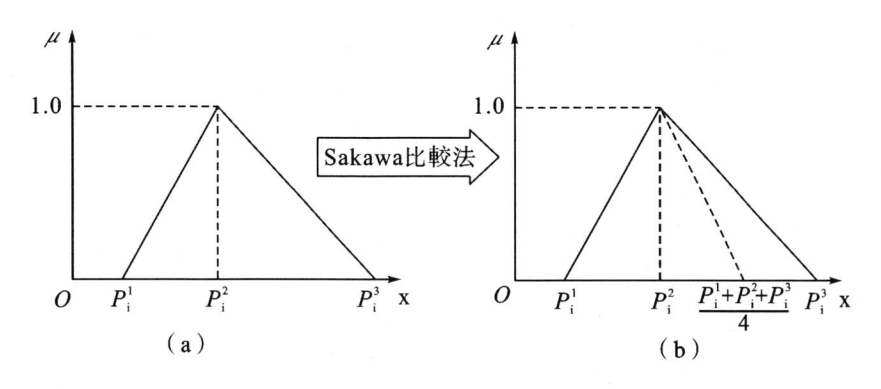

圖 2-3　模糊加工時間

在模糊機器調度問題中，三角模糊數的處理主要有四則運算、比較運算和取大操作。給定兩個三角模糊數：$\tilde{s} = (s_1, s_2, s_3)$ 和 $\tilde{t} = (t_1, t_2, t_3)$。

（1）四則運算。

由於加工時間的非負性，模糊加工時間的各個參數也都是非負的。

求和運算：$\tilde{s} + \tilde{t} = (s_1 + t_1, s_2 + t_2, s_3 + t_3)$。

減法運算：$\tilde{s} - \tilde{t} = (s_1 - t_1, s_2 - t_2, s_3 - t_3)$。

乘法運算：$\tilde{s}\,\tilde{t} = (s_1 t_1, s_2 t_2, s_3 t_3)$。

除法運算：$\tilde{s} / \tilde{t} = (s_1/t_1, s_2/t_2, s_3/t_3)$。

（2）比較運算。

20 世紀 70 年代以來，如何比較模糊數已被國內外許多學者研究

過。目前為止，比較模糊數的方法大約有 20 種，例如 λ 均值面積度量法、重心法、基於線性排序函數的比較方法以及高度比較法等。在生產調度領域，模糊數的比較尤為重要。兩個實值的加工時間的比較最為簡單。然而，若加工時間為三角模糊數，必須應用模糊數的比較方法，比如 Hamming 距離法、分佈概率法、偽指令模糊偏好模型法[1]、新平均模糊權重法[2]及符號距離法[3]等。在這些方法中，應用最為廣泛的是 Sakawa 和 Kubota 在 2000 年提出的方法，用三個準則來描述比較過程[4]。

Sakawa 將三角模糊數映射為三個精確數，轉換過程為：令 $c_1(\tilde{s}) = (s_1 + 2s_2 + s_3)/4$，$c_2(\tilde{s}) = s_2$，$c_3(\tilde{s}) = s_3 - s_1$，則三角模糊數排序步驟如下。

①比較 $c_1(\tilde{s})$ 和 $c_1(\tilde{t})$，若 $c_1(\tilde{s}) < c_1(\tilde{t})$，則 $\tilde{s} < \tilde{t}$；若 $c_1(\tilde{s}) > c_1(\tilde{t})$，則 $\tilde{s} > \tilde{t}$；否則，轉②。

②比較 $c_2(\tilde{s})$ 和 $c_2(\tilde{t})$，若 $c_2(\tilde{s}) < c_2(\tilde{t})$，則 $\tilde{s} < \tilde{t}$；若 $c_2(\tilde{s}) > c_2(\tilde{t})$，則 $\tilde{s} > \tilde{t}$；否則，轉③。

③比較 $c_3(\tilde{s})$ 和 $c_3(\tilde{t})$，若 $c_3(\tilde{s}) < c_3(\tilde{t})$，則 $\tilde{s} < \tilde{t}$；若 $c_3(\tilde{s}) > c_3(\tilde{t})$，則 $\tilde{s} > \tilde{t}$；否則 $\tilde{s} = \tilde{t}$。

（3）取大操作。

若比較工件的模糊釋放時間與機器的模糊空閒時間時，則採取取大操作，從而計算出工件的最早模糊開工時間。定義 $\tilde{s} \vee \tilde{t}$ 的隸屬度函數

---

[1] Roy B, Vincke P. Relational systems of preference with one or more pseudo-criteria: Some new concepts and results [J]. Management Science, 1984, 30 (11): 1323-1335.

[2] Vanegas L, Labib A. Application of new fuzzy-weighted average (nfwa) method to engineering design evaluation [J]. International Journal of Production Research, 2001, 39 (6): 1147-1162.

[3] Yao J, Wu K. Ranking fuzzy numbers based on decomposition principle and signed distance [J]. Fuzzy sets and Systems, 2000, 116 (2): 275-288.

[4] Sakawa M, Kubota R. Fuzzy programming for multiobjective job shop scheduling with fuzzy processing time and fuzzy duedate through genetic al gorithms [J]. European Journal of Operational Research, 2000, 120 (2): 393-407.

$\mu_{\tilde{s} \vee \tilde{t}}$ 為

$$\mu_{\tilde{s} \vee \tilde{t}} = \sup_{z=x \vee y} \min(\mu_{\tilde{s}}(x), \mu_{\tilde{s}}(y))$$

這裡兩個三角模糊數 $\tilde{s}$ 和 $\tilde{t}$ 的取大依照如下準則：

如果 $\tilde{s} > \tilde{t}$，則 $\tilde{s} \vee \tilde{t} = \tilde{s}$；否則 $\tilde{s} \vee \tilde{t} = \tilde{t}$。

$\tilde{s} \vee \tilde{t}$ 計算方法如下[1]並稱之為 Sakawa 準則。

$$\tilde{s} \vee \tilde{t} = (s_1 \vee t_1, s_2 \vee t_2, s_3 \vee t_3) \tag{2.1}$$

如果直接採用這種原則，其計算量會非常大。因此，在生產調度問題中，採用一種合的方式是非常有必要的。依據 Sakawa 在 2000 年提出的化簡方式，定義三角模糊取大位 $\tilde{s} \vee \tilde{t} = (s_1 \vee t_1, s_2 \vee t_2, s_3 \vee t_3)$。隨後，Lei 在 Sakawa 取大方法的基礎上設計出新的方法，即對於 $\tilde{s} \vee \tilde{t}$，如果 $\tilde{s} > \tilde{t}$，則 $\tilde{s} \vee \tilde{t} \approx \tilde{s}$；如果 $\tilde{s} < \tilde{t}$，則 $\tilde{s} \vee \tilde{t} \approx \tilde{t}$。

這種方法與 Sakawa 取大準則相比，更接近真實的結果[2]，如圖2-4所示。

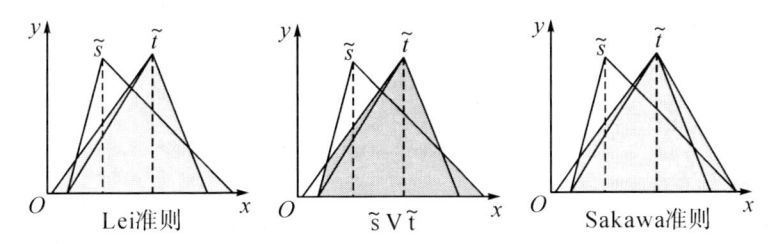

圖 2-4 三角模糊數取大方法

---

[1] Sakawa M, Mori T. An efficient genetic algorithm for job-shop scheduling problems with fuzzy processing time and fuzzy duedate [J]. Computers & Indus trial Engineering, 1999, 36 (2): 325-341.

[2] Lei D. Fuzzy job shop scheduling problem with availability constraints [J]. Computers & Industrial Engineering, 2010, 58 (4): 610-617.

2.3 智能算法

机器调度问题主要涉及资源的配置与利用。大多数企业必须频繁地安排资源的分配，因此对良好的调度技术有着相当大的需求。自20世纪50年代中期起，研究人员一直在提倡使用正式的优化算法来解决调度问题。不幸的是，经过数十年的研究，这些方法仍只能保证一组非常有限的问题有最优解。对于传统优化算法，成功案例的局限性主要体现在两个方面。首先，许多的机器调度问题属于传统的 NP 难问题。这类问题随着资源调度规模的增大而不断增多。增长如此迅速，即使是最快的电脑也不能在合理的时间内搜索到每一个潜在的问题并进行解决。其次，对于许多实际调度问题，很难捕捉问题公式化的封闭的数学表达式。这个困难也许是大多数调度的原因仍然在一种特别的方式完成。基于以上两点，许多学者转向智能算法的研究，以试图寻求在合理的时间范围内得到优化问题的近优或者次优解。

2.3.1 遗传算法

1975 年，美国 Holland 教授根据生物遗传学的特性与观点，提出一种崭新的全局优化算法，即遗传算法（Genetic Algorithm，GA）。遗传算法的模拟机制是达尔文生物进化论中的自然选择与遗传学机理相关的生物进化过程，即通过选择、遗传、变异等操作，使得每一个个体不断提高适应性。遗传算法是直接对结构对象进行操作，没有限定求和导数必须是连续的，因此它不需要依赖梯度信息或者其他的辅助信息。此外，遗传算法还具有内在的隐并行性。它也具有更强大的全局寻找最优解的能力。对于遗传算法而言，它的寻优方法最主要的是采用概率，这样一来就可以自动获取和指导优化空间。同时，还可以得到自适应的调

整方向，調整的過程不需要制定確定的規則。基於遺傳算法的這些特性，它已經被學者們廣泛地應用在機器學習、處理信號、優化組合、人工生命和自適應控制等領域。

在遺傳算法中，一個種群由許多個體組成。種群中個體的數量就是這個種群的規模（popsize）。每一個個體都有兩個特性：位置（即由染色體 chromosome 組成的基因 genes）和質量（即適應值 fitness value）。計算出每個個體的適應值，便可以用選擇過程來產生匹配集。個體的質量越高，被選進匹配集的概率越大。匹配集中的個體稱之為父代。一般而言，匹配集中的父代被隨機選取後產生兩個子代，而這兩個子代作為新個體的概率很小。因此，新產生的種群將會被替代，同時開始新的一輪遺傳。與達爾文進化論相對應的是：選擇過程即是適者生存，兩個父代產生兩個子代就是交叉或者組合，子代中的微小變化就是變異。總體來說，遺傳算法的過程有如下幾個過程：

Step1：初始化。設置遺傳算法的參數，包括種群的大小 popsize、交叉概率 p_c、變異概率 p_m 以及最大遺傳代數 τ_{max}。隨機生成 popsize 個服從均勻分佈的個體作為初始種群，並且評價它們的適應值。令 $\tau = 0$。

Step2：主循環。重複以下步驟直至 $\tau > \tau_{max}$。

Step2.1：用二進制代碼模仿自然生物的基因編碼。每個基因都有兩個特性：位置和質量。通過計算它們的適應值評價個體的優劣。通過輪盤賭法等方法從當前種群中選擇 popsize 個優良的個體直接遺傳到下一代或者通過配對交叉產生新的個體再遺傳給下一代。

Step2.2：重複以下操作直至一個新的大小為 popsize 的種群產生。在匹配集中隨機選擇兩個個體按照概率 p_c 執行單點交叉，p_m 概率執行突變，產生新的子代後將它們都放入匹配集。

Step2.3：評價新種群中每個個體的適應值。

Step2.4：用新的種群替換當前種群，令 $\tau = \tau + 1$。

Step3：將最後 popsize 個個體作為算法結果輸出。

標準遺傳算法的流程圖可見圖 2-5。

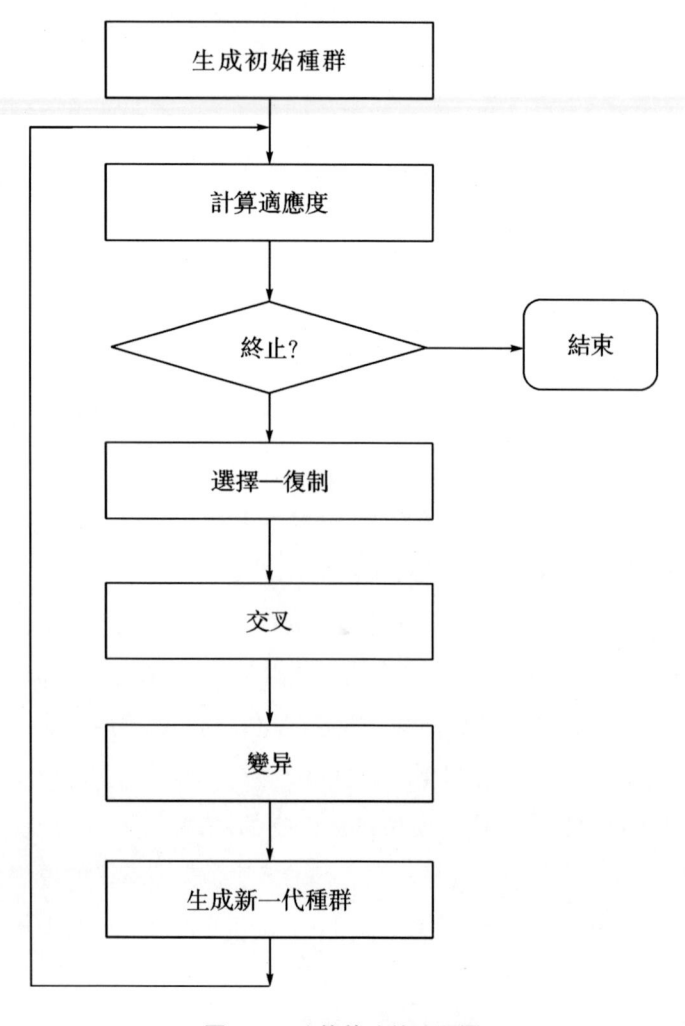

```
          生成初始種群
               │
               ▼
    ┌──→   計算適應度
    │          │
    │          ▼
    │    ◇ 終止? ◇ ──→ 結束
    │          │
    │          ▼
    │      選擇—復制
    │          │
    │          ▼
    │        交叉
    │          │
    │          ▼
    │        變異
    │          │
    │          ▼
    │     生成新一代種群
    │          │
    └──────────┘
```

圖 2-5　遺傳算法的流程圖

　　遺傳算法與傳統優化算法相比，有以下幾個特點：①遺傳算法的搜索起點是問題的串集，而非單個解，這樣覆蓋面大，不容易誤入局部最優解，從而利於全局擇優。②遺傳算法用適應度函數來評估每個個體，並在此基礎上執行遺傳操作，而不是依賴搜索空間的知識，或者依賴其他輔助信息。這樣一來，遺傳優化算法可以根據優化問題的需要任意地

設定適應度函數的定義域，同時適應度函數不需要滿足連續可微的要求。③遺傳算法的搜索方向是基於概率的變遷規則，而非確定性規則，這樣更具有自適應、自組織以及自學習性。

基於遺傳算法良好的特性，作為組合優化問題的子類-生產調度問題，也逐步引入次算法。1985 年，Davis 首先將遺傳算法應用於調度問題，研究的對象是異序作業車間調度，編碼方式是基於優先表的間接編碼。後來，張長水和沈剛在 1995 年採用基於先後表的編碼方式的遺傳算法求解異序作業車間調度問題[1]，研究此類問題的還有紀樹新和錢積新（連鎖基因編碼法）[2][3] 以及楊曉梅和曾建潮（多個體交叉）[4]。吳悅等對模糊交貨期下的流水作業車間調度問題進行了研究，並採用遺傳算法求得近似最優解。王萬良等針對調度問題提出了改進的遺傳算法，此方法通過自適應調整個體的交叉概率和變異概率來提高遺傳算法的全局收斂性。Pezzella 等提出了集成多種策略產生初始群的遺傳算法。計算研究證明了在遺傳框架中整合某些策略可以得到與已知的最好算法相類似的結果[5]。Gao 等又提出了一種改進的融合鄰域變量的遺傳算法，此方法採用兩個向量來表達可行解和現進的交叉變異算子來改編特殊的染色體[6]。隨著研究的深入，學者們發現在調度問題中遺傳算法的局部搜索能力較弱，容易出現早熟收斂。因此有研究提出將遺傳算法與其他優

---

[1] 張長水，沈剛. 解 job-shop 調度問題的一個遺傳算法 [J]. 電子學報，1995，23（7）：1-5.

[2] 紀樹新. 基於遺傳算法的車間作業調度系統研究 [D]. 杭州：浙江大學，1997.

[3] 紀樹新，錢積新. 車間作業調度遺傳算法中的編碼研究 [J]. 信息與控制，1997，26（5）：393-400.

[4] 楊曉梅，曾建潮. 採用多個體交叉的遺傳算法求解作業車間問題 [J]. 計算機集成製造系統，2004，10（9）：1114-1119.

[5] Pezzella F, Morganti G, Ciaschetti G. A genetic algorithm for the flexible job-shop scheduling problem [J]. Computers & Operations Research, 2008, 35（10）：3202-3212.

[6] Gao J, Sun L, Gen M. A hybrid genetic and variable neighborhood descent algorithm for flexible job shop scheduling problems [J]. Computers & Operations Research, 2008, 35（9）：2892-2907.

化算法相結合產生混合算法，例如將遺傳算法與鄰域搜索算法結合（基於混沌序列）、遺傳算法與結構尋優算法結合（種群空間與信仰空間相結合）、遺傳算法與禁忌搜索算法混合、遺傳算法與模擬退火混合。

2.3.2 粒子群算法

1995 年，美國社會心理學博士 Kennedy 和電子工程學博士 Russell 提出了一種新奇的優化算法。這個算法是在對一個簡化的群體社會模型進行大量仿真和模擬的過程中發現的，這個算法就是粒子群算法（Particle Swarm Optimization，PSO）。憑藉對算法名稱的直覺認識，這個算法主要是模仿鳥群同步飛行、迅速改變方向、分散和重聚的能力。如此複雜的行為之所以被模仿主要歸結於鳥群的社會信息分享能力。在粒子群算法中，用速度來表示鳥群的運動。搜索空間中一個沒有質量、沒有體積的微小顆粒便被看成是一個粒子，每一個 n 維粒子的位置就表示優化問題的一個可行解。每一個粒子以一定的速度在搜索空間內飛行，並且在它的迭代過程中通過發現自己本身和粒子群的最優經驗不斷地動態地修正個體飛行的速度與前進的方向，從而飛向更優的位置。在粒子群算法中，處於 n 維空間裡的粒子 i 有如下三個方面的信息。

（1）粒子當前的位置 $X^i = \{x_1^i, x_2^i, \ldots, x_n^i\}$；

（2）粒子的歷史最優位置 p^i，即每個粒子在歷代搜索過程中自身能夠達到的最優值，其中「最優」的概念由目標函數值來評價；

（3）目前為止粒子 p^g 是發現的全局最優位置，即整個種群中 m 個粒子在歷代搜索過程中所達到的最優值。首先計算下一段速率

$$v_j^i(\tau^p + 1) = c_1 rand_1(p_j^i - x_j^i(\tau^p)) + c_2 rand_2(p_j^g - x_j^i(\tau^p)) \qquad (2.2)$$

其中，τ^p 表示粒子群算法的迭代數，$rand_1$ 和 $rand_2$ 服從區間 [0, 1] 上的均勻分佈。$c_1>0$ 和 $c_2>0$ 表示加速係數，分別用來控制粒子的歷史最優位置和粒子群的粒子最優位置對下一個速度的影響程度。$c_1 rand_1(p_j^i - x_j^i(\tau^p))$ 稱之為認知要素，$c_2 rand_2(p_j^g - x_j^i(\tau^p))$ 稱之為社會要素。粒子 i

移向下一個位置主要由以下公式決定：

$$x_j^i(\tau^p + 1) = x_j^i(\tau^p) + v_j^i(\tau^p + 1) \tag{2.3}$$

（4）粒子當前的速度向量。粒子的速度改變依據以下公式：

$$v_j^i(\tau^p + 1) = w(\tau^p)v_j^i(\tau^p) + c_1 rand_1(p_j^i - x_j^i(\tau^p)) + c_2 rand_2(p_j^g - x_j^i(\tau^p)) \tag{2.4}$$

其中 0<w<1 表示慣性系數，$w(\tau^p)v_j^i(\tau^p)$ 表示動力要素。

粒子群算法有如下流程：

Step 1：初始化。

Step 1.1：設置粒子群算法的各個參數，包括粒子數 m、加速系數 c_1>0 和 c_2>0、慣性系數 0<w<1 以及停止準則（迭代次數 τ_{max}^p）。

Step 1.2：隨機初始化 m 個粒子的位置和速度。計算它們的目標函數值並且相應地初始化個體最優位置和全局最優位置。

Step 2：主循環。重複以下步驟直至滿足停止準則。

Step 2.1：令 i = 1。

Step 2.2：確定粒子 i 的下一個位置。

Step 2.2.1：用公式（2.3）確定粒子 i 的下一個速度。針對不同的變量使用不同的 $rand_1$ 和 $rand_2$。

Step 2.2.2：用公式（2.4）確定粒子 i 的下一個位置。

Step3：輸出勢能作為算法的結果。

標準粒子群算法的流程圖見圖 2-6。

對於許許多多的非線性、不可微以及多峰值的特別複雜的優化問題，粒子群算法能夠給出相應的可行性解，並且容易實現算法的程序，同時參數調整比較少，因此，粒子群算法作為進化算法一名重要的成

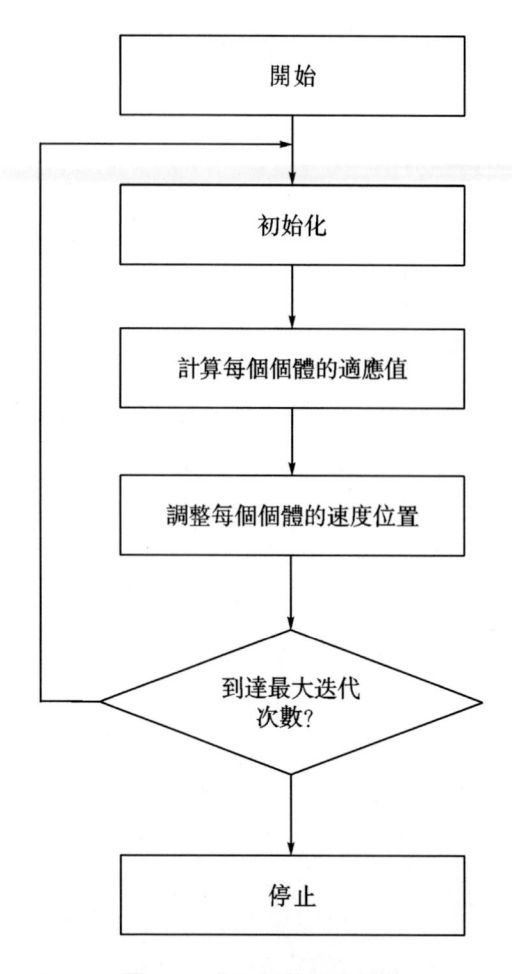

```
┌──────┐
│ 開始 │
└──┬───┘
   │
┌──▼───┐
│ 初始化│
└──┬───┘
   │
┌──▼──────────────┐
│ 計算每個個體的適應值 │
└──┬──────────────┘
   │
┌──▼──────────────┐
│ 調整每個個體的速度位置│
└──┬──────────────┘
   │
  ◇ 到達最大迭代次數？
   │
┌──▼──┐
│ 停止 │
└─────┘
```

圖 2-6　粒子群算法流程圖

員，並且被應用在許多學科和工程領域[1][2]。在機器調度問題研究中，也有不少研究成果是基於粒子群算法的應用。Tavakkoli-Moghaddam 等提出了改進的多目標粒子群算法來解決雙目標異序作業調度問題，與此

---

[1] Eberhart R C, Shi Y. Particle swarm optimization: developments, applications and resources [J]. Proceedings of the Congress on Evolutionary Computation, 2001, 1: 81-86.

[2] Kennedy J, Kennedy J F, Eberhart R C. Swarm intelligence [M]. San Francisco: Morgan Kauf mann, 2001.

問題類似的還有 Sha 和 Lin。Lei 等採用 Pareto-粒子群算法解決多目標異序作業調度問題①。針對多目標異序作業車間調度問題，Pongchairerks 採用了粒子群算法來得到問題的解。在該算法中，採用對微粒以特定概率進行變異，從而保持粒子的多樣性②。Zhang 等結合粒子群算法和禁忌搜索算法研究多目標彈性異序作業調度問題③。Marinakis 和 Marinaki 研究了置換流水作業車間調度問題，採用的是擴大鄰域拓撲的粒子群算法④，而 Wang 和 Tang 則採用的是基於隨機迭代局部搜索的粒子群算法。對於無等待流水作業車間調度問題，Akhshabi 等採用的是基於文化基因算法的粒子群算法。

2.3.3 化學反應算法

2010 年，Lam 和 Li 開發了一種新型演化計算技術——化學反應優化算法（Chemical Reaction Optimization，CRO），主要模擬的是大自然中的化學反應⑤。在化學反應中，分子之間相互作用從而尋求最小的系統勢能。化學反應算法是一種松散耦合的化學反應的優化技術，它並不試圖捕捉每一個化學反應的細節。根據分子結構、分子動能、勢能以及對中心能量緩衝器的設置，Lam 和 Li 對化學反應算法的結構進行了系

---

① Lei D. Pareto archive particle swarm optimization for multi-objective fuzzy job shop scheduling problems [J]. The International Journal of Advanced Manufacturing Technology, 2008, 37 (1-2): 157-165.

② Pongchairerks P. Particle swarm optimization algorithm applied to scheduling problems [J]. Science Asia, 2009, 35 (1): 89-94.

③ Zhang G, Shao X, Li P, eet al. An effective hybrid particle swarm opti-mization algorithm for multi-objective flexible job-shop scheduling problem [J]. Computers & Industrial Engineering, 2009, 56 (4): 1309-1318.

④ Marinakis Y, Marinaki M. Particle swarm optimization with expanding neighborhood topology for the permutation flowshop scheduling problem [J]. Soft Computing, 2013, 17 (7): 1159-1173.

⑤ Lam A Y, Li V O. Chemical reaction optimization: A tutorial [J]. Memetic Computing, 2012, 4 (1): 3-17.

統的開發和探索，形成了化學反應算法的標準版本①。

1. 操縱代理

化學反應算法是一個多代理算法，每一個操縱便是它的一個分子。每個分子都包含一些特性。

w	分子結構
PE	勢能，$PE_w = f(w)$
KE	動能
NumHit	碰撞次數
MinStruct	最小結構
MinPE	最小勢能
MinHit	最小碰撞次數

2. 基元反應

在化學反應算法中，每一次迭代中都有四種分子間的基元反應。它們是用來操作解決方案（即探索解空間）和重新分配能量的分子和緩衝。這四個基元反應為：單個分子無效碰撞、分解、分子間無效碰撞和合成。

（1）單分子無效碰撞。單個分子在獨立的空間內與牆壁進行碰撞，在這個碰撞的過程中，只有分子結構發生了微小的變化，記為 w'，即 $w \rightarrow w'$。假設 $N(.)$ 為任意的鄰域搜索算子，則有 $w' = N(w)$ 並且 $PE_{w'} = f(w')$。另外，轉換的分子的一小部分勢能被退回到中央能量緩衝區（buffer）。令 $KElossRate$ 為化學反應的參數，並且有 $0 \leqslant KElossRate \leqslant 1$，$a \in [KElossRate, 1]$ 是一個隨機數，並且服從區間 $[KElossRate, 1]$ 上的均勻分佈，則

$$KE_{w'} = (PE_w - PE_{w'} + KE_w) \times a \qquad (2.5)$$

---

① Lam A Y, Li V O. Chemical-reaction-inspired metaheuristic for optimization [J]. IEEE Transactions on Evolutionary Computation, 2010, 14 (3): 381-399.

如果優化問題是組合問題，則鄰域搜索算子 $N(.)$ 採用兩兩交換。考慮解形式是 n 維向量的問題，即 $w=[w(i), 1 \leq i \leq n]$。從 w 中隨機抽取兩個不同元素 $w(i)$ 和 $w(j)$，$i<j$，掉換 $w(i)$ 和 $w(j)$ 位置即得到 $w'=[w(1), \cdots, w(i-1), w(j), w(i+1), \cdots, w(j-1), w(j), w(j+1), \cdots, w(n)]$。

如果優化問題是連續問題，則鄰域搜索算子 $N(.)$ 採用高斯突變。考慮連續解空間的問題，即 $w=[w(i), 1 \leq i \leq n]$，$w(i) \in [l_i, u_i]$，$l_i \leq u_i$，$l_i u_i \in R$，$\forall i$。首先設 Δi 是均值為 0，方差為 σ^2 的高斯概率密度函數，是一個隨機變量。取其值為 δ_i，則有 $\tilde{w}(i)=w(i)+\delta_i$。這時，新解 $w'(i)$ 的值為：

$$w'(i) = \begin{cases} 2l_i - \tilde{w}(i), & \tilde{w}(i) < l_i \\ 2u_i - \tilde{w}(i), & \tilde{w}(i) > u_i \\ \tilde{w}(i) \end{cases} \tag{2.6}$$

剩餘能量 $(PE_w - PE_{w'} + KE_w) \times (1-a)$ 將被轉入中央能量緩衝區。能量守恒條件為 $PE_w + KE_w \geq PE_{w'}$。

（2）分解。單個分子在與獨立空間內牆壁碰撞後分解成幾個部分（為簡單起見，設為兩個部分），即 $w \to w_1' + w_2'$。只有當 $PE_w + KE_w \geq PE_{w_1'} + PE_{w_2'}$ 時，分子的分解才是有效的反應。另外，由於分解的複雜性，使用 buffer 獲取分解分子的勢能 $PE_{w_1'}$ 和 $PE_{w_2'}$。假設 σ_1，σ_2 相互獨立且 σ_1，$\sigma_2 \in [0,1]$。則有

$$PE_w + KE_w + \sigma_1 \times \sigma_2 \times buffer \geq PE_{w_1'} + PE_{w_2'} \tag{2.7}$$

1/2 變化是分解的一種操作算子，具體操作方式如下：假設 $w=[w(i), 1 \leq i \leq n]$ 分解的兩個新解為 $w_1'=[w_1'(i), 1 \leq i \leq n]$ 和 $w_2'=[w_2'(i), 1 \leq i \leq n]$。對於 w_1'，首先複製 w 中元素到 w_1' 中，然後從中隨機選擇 $n/2$ 個元素，對選擇的每一個元素 $w_1'(i)$ 都根據問題約束條件來重新配置一個新值。例如，假設問題規定 $w_1'(i)$ 只能夠從

集合 s_i 中取值，則 $w_1'(i)$ 就只能從 s_i 中隨機選擇一個元素。假設 s_i 是連續集合，可以對 $w_1'(i)$ 增加一個隨機擾動，就如上一部分講到的高斯突變中給 $w_1'(i)$ 賦值一樣。w_2' 的操作方式同上。由於 w_1' 和 w_2' 中元素都是隨機選取且隨機賦值的，每次分解反應的 w_1' 和 w_2' 都是不同的。

（3）分子間無效碰撞。多個分子相互碰撞後相互作用，反應分子數不改變。即 $w_1 + w_2 \rightarrow w_1' + w_2'$，$w_1' = N(w_1)$，$w_2' = N(w_2)$。能量守恆條件為

$$PE_{w_1} + PE_{w_2} + KE_{w_1} + KE_{w_2} \geq PE_{w_1'} + PE_{w_2'} \tag{2.8}$$

如果優化問題是組合問題，則鄰域搜索算子 $N(.)$ 採用兩兩交換。如果優化問題是連續問題，則鄰域搜索算子 $N(.)$ 採用高斯突變。

（4）合成。與分解對應，指多個分子相互碰撞，最後融合在一起的過程，即 $w_1 + w_2 \rightarrow w'$。

能量守恆條件為

$$PE_{w_1} + PE_{w_2} + KE_{w_1} + KE_{w_2} \geq PE_{w'} \tag{2.9}$$

概率選擇是合成的一種操作算子，具體操作方式如下：由 $w' = [w'(i), 1 \leq i \leq n]$ 和 $w_1 = [w_1(i), 1 \leq i \leq n]$ 和 $w_2 = [w_2(i), 1 \leq i \leq n]$ 合成所得，w' 中每一個元素都是等概率地從 w_1 和 w_2 中隨機選取。

3. 能量守恆定律

化學反應算法的一個基本假設是能量守恆，即能量不能憑空消失或者產生。系統的總能量有初始種群的基數（PoPSize）、初始勢能（InitialKE）以及初始中央能量緩衝器（buffer）決定。

$$\sum_{i=1}^{PoPSize(t)} [PE_{w_i}(t) + KE_{w_i}(t) + buffer(t)] = C \tag{2.10}$$

其中 $PE_{w_i}(t)$，$KE_{w_i}(t)$，$PoPSize(t)$，$buffer(t)$ 分別表示在時間 t 時分子 i 的勢能、動能、種群大小及中央緩衝能量，C 是常量。

令 k，l 分別表示化學反應前後的種群大小，w 表示化學反應前的分

子，w' 表示反應後生成的分子，則只有滿足能量守恒條件後，基元反應才能夠發生。

$$\sum_{i=1}^{k}(PE_{w_i}+KE_{w_i}) \geq \sum_{i=1}^{l} PE_{w_i'} \qquad (2.11)$$

從理論上講，能量是不可能包含一個負值的，因此任何導致能量為負值的操作都是不可取的。然而，在一些目標函數為負值的問題中，可以通過成等價的正值問題後再實施化學反應。

化學反應算法有如下流程：

Step1：初始化。

Step 1.1：設置化學反應算法的各個參數，包括種群大小（$CRO_{popsize}$），動能損失率（KElossRate），決定參與基元反應的分子數量系數（MoleColl），中央能量緩衝區（buffer），初始動能（InitialKE），分解系數 α 以及合成系數 β。

Step 1.2：隨機初始化分子 w 的結構。

Step2：主循環。重複以下步驟直至滿足停止準則。

Step 2.1：令 $i=1$。

Step 2.2：隨機生成區間 [0, 1] 上的數 b，如果 $b>MoleColl$，則執行單分子碰撞，否則，執行分子間的碰撞。

Step 2.2.1：如果 $NumHit-MinHit>\alpha$，則發生分解反應，否則，發生單分子無效碰撞。

Step 2.2.2：如果 $KE \leq \beta$，則發生合成反應，否則，發生分子間無效碰撞。

Step3：輸出勢能作為算法的結果。

化學反應算法的流程圖如圖 2-7 所示。

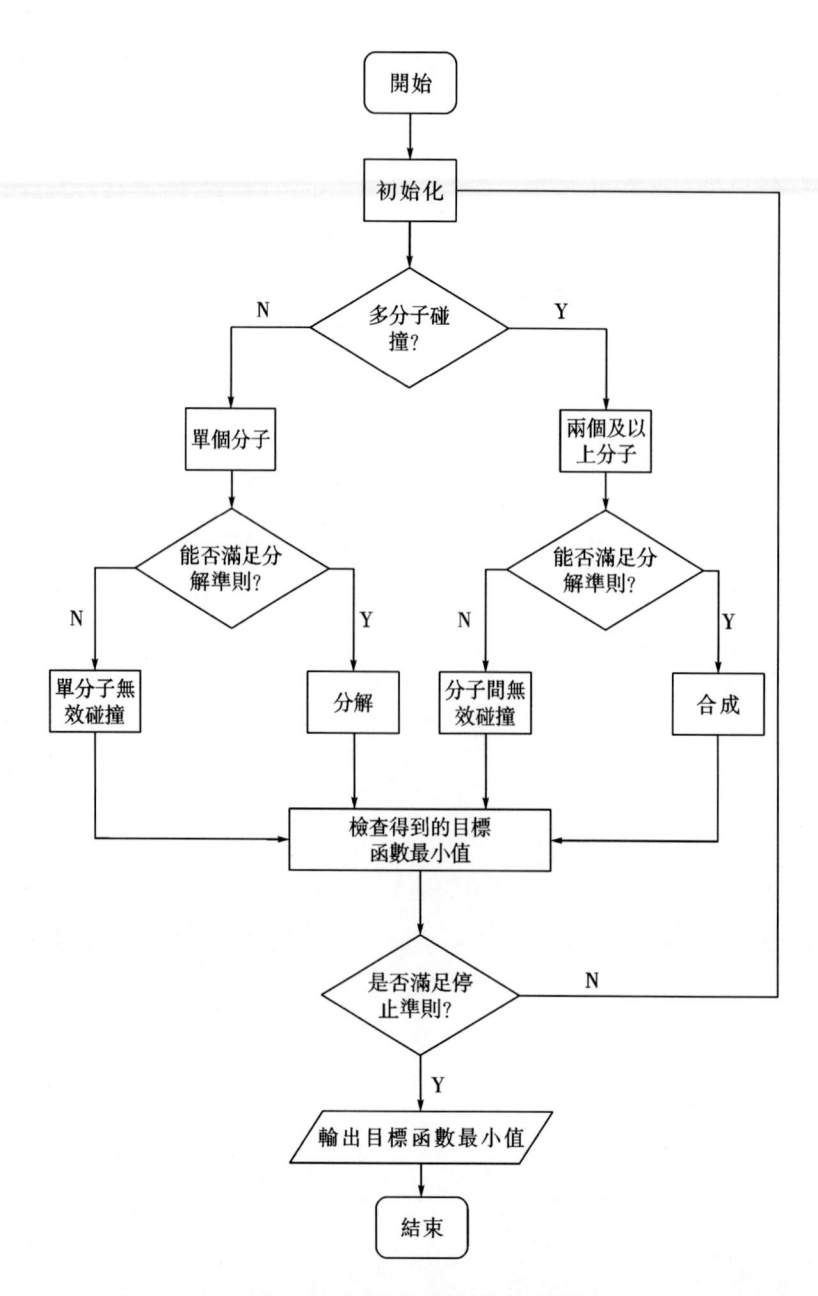

圖 2-7　化學反應算法的流程圖

3 模糊加工時間彈性維護活動的單機調度問題

　　單機調度問題是最簡單，也是最重要的一類調度問題。這類問題容易找出解決方法，可以為研究比較複雜的問題提供參考，例如提供近似算法或者啟發式算法等。單機問題是其他問題的基礎，很多存在瓶頸機器的生產車間都可以歸結為單機問題。機器設備是企業正常生產經營的物質保障，生產過程中機器的不合理維護可能使其發生故障或失效，增加企業的維護成本，影響企業的生產效率，造成產品質量低下，使企業遭受損失。因此，通過合理的維護以降低機器失效和機器故障的發生率，已成為製造企業降低運作成本、提高生產效率和市場競爭力的有效手段之一。現在有不少的學者已經開始研究機器運行過程中的維護活動，但是，他們中的絕大多數是將生產計劃與維護計劃作為兩個獨立的部分分開研究，然而這兩部分是密切相關的①②③。維護活動會占據一部分加工時間，頻繁的維護更會對工件加工造成巨大的影響。但是，如果忽略對機器的維護，機器將會面臨損壞等風險，可能造成更大的損失。因此，在生產過程中維護計劃和生產計劃必須綜合考量。目前學者們主要運用可預知的確定的相關參數值來做針對性研究，然而隨著商品市場

---

　　① Shapiro J F. Mathematical programming models and methods for production planning and scheduling [J]. Handbooks in Operations Research and Management Science, 1993, 4: 371-443.
　　② Sherif Y, Smith M. Optimal maintenance models for systems subject to failure-a review [J]. Naval Research Logistics Quarterly, 1981, 28 (1): 47-74.
　　③ Dekker R. Applications of maintenance optimization models: a review and analysis [J]. Reliability Engineering & System Safety, 1996, 51 (3): 229-240.

需求的日益多樣化，企業的生產環境將會面臨無數的不確定性因素，無法提前準確預知工件的加工信息，與之相關的其他時間參數也是不確定的。對於考慮維護時間的目標函數為最小時間表長的單臺機器調度問題，Lee 和 Liman 已經證明此問題是 NP 難的，基於 SPT 規則下得到的工件序列所對應的最壞情形相對誤差界為 2/7[①]。

3.1 問題簡介

在加工時間模糊並且具有彈性維護時間的單臺機器調度問題中，假設生產計劃中有 n 個工件，記為 $J= \{J_1, J_2, \cdots, J_n\}$。車間內只有一臺機器能夠運行。對於調度部門而言，一方面，決策者要求所有工件完工時間和最小，從而提高企業的生產效率；另一方面，考慮到機器公司的維護計劃，決策者要求總的維護費用最小，從而降低生產的總成本。所有工件在零時刻被釋放，但是工件的加工時間無法給出確切的值，用模糊數表示。機器隨著加工時間的增加會產生一定的磨損、毀壞等，從而造成機器的可靠度下降。機器的故障如何確定，與機器的可靠度關係密切。下面首先介紹機器的可靠度。

可靠度指的是在規定的條件與時間內，指定元件或者系統完成規定功能的概率。在本書中，「規定的條件」主要指的是機器環境條件、維護條件以及使用條件；「規定的時間」主要指的是機器的工作期間，一般用時間來表示；「規定的功能」主要指的是機器的加工能力。在此節中，機器的可靠度函數是關於機器實際運行時間的函數。令隨機變量 ξ 表示機器的故障時間，則事件 $\xi > t$ 的概率表示機器在時刻 t 的可靠度。令 $R(t)$ 為可靠度函數，P 表示概率，則有

[①] Lee C Y, Liman S D. Single machine flow-time scheduling with scheduled maintenance [J]. Acta Informatica, 1992, 29 (4): 375-382.

$$R(t) = P(\xi > t), \quad 0 \leqslant t < \infty$$

對於機器而言，發生故障的概率定義為機器故障的累積分佈函數。事件 $\xi \leqslant t$ 表示機器的故障時間小於 t，則 $P(\xi \leqslant t)$ 為機器故障的累積分佈函數。若 $F(t)$ 表示機器故障的累積分佈函數，則

$$F(t) = P(\xi \leqslant t) = 1 - R(t), \quad 0 \leqslant t < \infty$$

如果對時間 t 求導數，則可以得到機器故障時間的概率密度函數 $f(t)$，即

$$f(t) = \frac{\mathrm{d}F(t)}{\mathrm{d}t} = -\frac{\mathrm{d}R(t)}{\mathrm{d}t}$$

如果機器運行到某個時刻卻並未發生故障，則將該時刻之後的單位時間內發生故障的概率稱之為機器的故障率。假設在時刻 t 機器能夠正常運行，按照微分概念，機器在時刻 t 的故障率可以定義為時間間隔 $(t, t + dt)$ 內單位時間機器發生故障的概率，即

$$\lambda(t) = \frac{P\{t < \xi \leqslant t + \mathrm{d}t \mid \xi > t\}}{\mathrm{d}t} = \frac{f(t)}{Rt}$$

已有研究證實機器的故障發生率隨時間的變化而變化，被稱為「浴缸」曲線，如圖 3-1 所示。此種情況下，故障率曲線由遞減、恒定和上升三種基本形式組合。

（1）早期故障階段（遞減）。在此階段，機器發生故障的概率較高，但是故障率會隨著時間的增加而快速地下降。造成故障的原因主要是工藝或者設計上的缺陷。

（2）隨機故障階段（恒定）。在此階段，機器發生故障的概率較低並且比較穩定。造成故障的原因主要是某些偶然因素。此階段是機器的最佳工作時段。

（3）晚期故障階段（上升）。在此階段，機器發生故障的概率非常高，並且隨著時間的增加而迅速上升。造成故障的原因主要是老化、疲勞耗損。

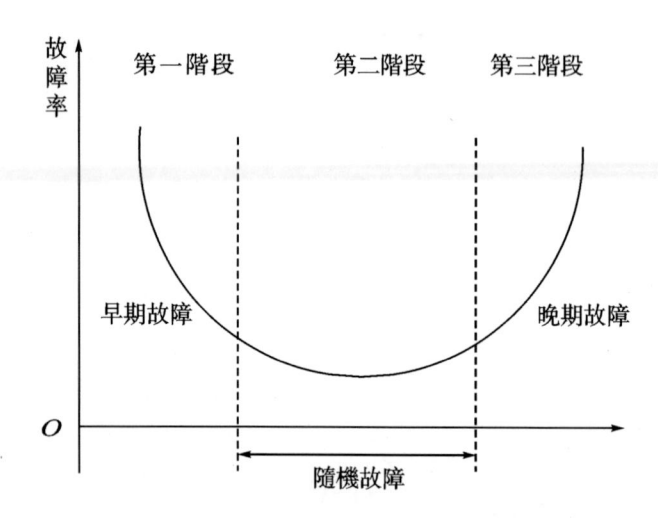

圖 3-1　故障發生率的「浴缸」曲線

針對上述「浴缸」曲線各個故障階段的不同特點，學者們提出多種故障率分佈函數，例如，正態分佈、指數分佈、威布爾分佈等。其中最為典型的是威布爾分佈（Weibull）。威布爾分佈的機器故障率函數的表達式為：

$$\lambda(t) = \frac{\beta}{\eta}\left(\frac{t-t_0}{\eta}\right)^{\beta-1}, \quad t_0 \leq t < \infty$$

其中：β 表示形狀參數，η 表示尺寸參數，t_0 表示位置參數。

在機器調度問題中，一般採用 Weibull 分佈來描述電子與機械產品的故障規律。許多關於維護計劃的機器調度問題也引入了 Weibull 分佈。Chen 和 Feldman 研究維護計劃中更換規則時就採用的是 Weibull 分佈。Murdock 等用二參數 Weibull 分佈來衡量機器磨損模式[1]。Kumar, Crocker 和 Knezevic 在考慮航天飛行器的維護時也採用的是 Weibull

---

[1] Reineke D M, Murdock Jr W, Pohl E, et al. Improving availability and cost performance for complex systems with preventive maintenance [J]. Reliability and Maintainability Symposium, 1999, 383–388.

分佈①。

3.2　模型構建

本節提出加工時間模糊並且維護時間可調的單機排序的假設與符號、目標方程、約束條件以及總體模型。由於模型中帶有模糊變量，不便於計算，本節在建模的同時對模糊變量進行了處理。

為了建立模糊加工時間帶有彈性維護時間的單臺機器調度問題模型，我們提出了如下假設條件：

（1）所有工件在零時刻都已經做好加工準備；

（2）在工件的加工過程中，不允許被其他工件打斷，並且每個工件必須一次性在一臺機器上加工完成；

（3）每隔一段時間，機器就需要進行基礎維護工作，並且這個過程是週期性的；

（4）工件的加工過程不可以被基礎維護工作打斷；

（5）同一時刻，一個工件最多在一臺機器上加工；

（6）同一時刻，一臺機器最多加工一個工件；

（7）每臺機器在 0 時刻都剛好完成一次維護；

（8）機器需要停機進行維護活動；

（9）機器開機時間可以忽略不計，並且機器在維護前後不改變機器加工工件的速率。

為了方便模型的建立，首先給出模型中所需要的記號如下：

n：需要進行加工的工件總數。

---

① Kumar U D, Crocker J, Knezevic J. Evolutionary maintenance for aircraft engines [J]. Reliability and Maintainability Symposium, 1999, 62–68.

$\tilde{p}_i$：工件 J_i 的模糊加工時間。

$J_{[i]}$：工件加工序列中的第 i 個加工的工件。

$\tilde{p}_{\max}$：工件的最大模糊加工時間。

$\tilde{p}_{[i]}$：$J_{[i]}$ 的模糊加工時間。

$\tilde{C}_{[i]}$：$J_{[i]}$ 的期望模糊完工時間。

c_p：進行一次維護的平均費用。

c_r：處理一次故障的平均費用。

$r_{[i]}$：$J_{[i]}$ 的加工過程中機器的期望故障次數。

t_r：機器進行小修需要的平均時間。

t_p：機器進行維護需要的平均時間。

β：Weibull 分佈的形狀參數。

η：Weibull 分佈的尺寸參數。

$\lambda(t)$：機器的故障率函數。

ρ：機器的維護活動間隔。

$\rho*$：ρ 的最優值。

$g(\rho)$：機器運行 ρ 時間的期望故障次數。

m：機器總的維護次數。

V：機器的維護計劃。

首先確定決策者的目標函數。要使得所有工件的完工時間和最小，則必須先確定每個工件的完工時間。引入 n 階方陣 $X=(x_{ij})$ 來表示 $J=\{J_1, J_2, \cdots, J_n\}$ 的加工順序。令 0-1 函數 x_{ij} 表示工件的加工順序，即

$$x_{ij} = \begin{cases} 1, & \text{當工件} j \text{是第} i \text{個加工的} \\ 0, & \text{當工件} j \text{不是第} i \text{個加工的} \end{cases}$$

其中 $i=1, 2, \cdots, n$，$j=1, 2, \cdots, n$。忽略機器維修和故障的情況下，工件序列中 $J_{[i]}$ 的加工時間和完工時間可以由下面這些式子

求出。

$$p_{\tilde{[i]}} = \sum_{j=1}^{n} \tilde{p}_j x_{ij} \tag{3.1}$$

$$C_{\tilde{[i]}} = \sum_{k=1}^{i} \tilde{p}_{[k]} \tag{3.2}$$

如果不考慮機器的維護，則將工件按照 SPT 序排列，即可得到最優解。由於機器存在磨損等，因此必然需要考慮維護工作。由前可知，彈性維護策略是現代企業最為常用的維護策略之一。假設機器的故障率服從 weibull 分佈，尺寸參數為 η，形狀參數為 β（$\beta>1$）。但機器不能使用時，將採取小修使機器恢復到正常狀態而不改變它的有效機器壽命。由於 $\beta>1$，機器的故障率會隨著時間的增加而增大，因此採用基礎維護來降低機器的故障風險，從而使機器恢復「新好」的狀態。一方面，基礎維護能夠使得機器恢復到「新好」的狀態，因此可以視機器經過一個更新過程，恢復點與基礎維護的完成時間相關。另一方面，在每一個更新過程中，機器發生故障而需要小修的概率服從不均勻分佈的泊松分佈，設機器密度函數為 $f(t)$，因此機器的可靠度 $R(t)$ 和故障率 $\lambda(t)$ 分別為

$$R(t) = e^{\left[-\frac{t}{\eta}\right]^{\beta}} \tag{3.3}$$

$$\lambda(t) = \frac{\beta}{\eta}\left(\frac{t}{\eta}\right)^{\beta-1} \tag{3.4}$$

因此，從「新好」的狀態開始，機器運行 ϱ 單位時間內所發生的故障期望次數為

$$g(\rho) = \int_0^\varrho \lambda(t)\,\mathrm{d}t = \int_0^\varrho \frac{\beta}{\eta}\left(\frac{t}{\eta}\right)^{\beta-1}\mathrm{d}t = \left(\frac{\rho}{\eta}\right)^{\beta} \tag{3.5}$$

在 ϱ 單位時間內，小修一次的平均時間為 t_r，由於小修了 $g(\rho)$ 次，因此總的維修時間為 $t_r g(\rho)$。此期間發生一次基礎維護，基礎維護一次的平均時間為 t_p，因此機器的可用度可以表示為：

$$A(\tau) = \frac{\rho}{\rho + g(\rho)t_r + t_p} \tag{3.6}$$

通過求導和代數分析，使機器可用度最大化的最優基礎維護間隔 ϱ^* 可由下式得到。

$$\varrho^* = \eta \left[\frac{t_p}{t_r(\beta - 1)} \right]^{1/\beta} \tag{3.7}$$

在本章中，有兩個問題需要同時考慮，一個是對 n 個工件進行排序。由組合理論，工件的排列方式共有 $n!$ 種可能。另一個是對基礎維護的決策。由於工件的加工不能被打斷，因此只能在工件開始加工前進行基礎維護，故基礎維護的決策方式有 2^n 種。因此，同時考慮生產計劃與維護計劃的決策有 $(n!)2^n$ 種。

由於機器的故障是隨機發生的，因此每個工件的完工時間也是隨機的。令 $a'_{[i-1]}$ 表示第 i 個工件加工前機器的壽命時間，$a_{[i]}$ 表示第 i 個工件加工後機器的壽命時間，令 $0-1$ 函數 $y_{[j]}$ 表示工件與維護活動的關係，即

$$y_{[i]} = \begin{cases} 1, & \text{第 } i \text{ 個工件加工前執行基礎維護} \\ 0, & \text{其他} \end{cases} \tag{3.7}$$

因此

$$a'_{[i-1]} = a_{[i-1]}(1 - y_{[i]}) \tag{3.8}$$

$$a_{[i]} = a'_{[i-1]} + \tilde{p}_{[i]} \tag{3.9}$$

由於工件的加工時間為不確定變量（三角模糊數），為了將模糊變量轉化為清晰值，這裡採用期望值的方法[①]。由前可假設三角模糊變量為 $\tilde{a}_{[i]} = (a_1, a_2, a_3)$，則它的期望值可用數學表達式表示為

[①] Xu J, Zhou X. Fuzzy-like multiple objective decision making [M]. Berlin：Springer, 2011.

$$E^{Me}[\tilde{a}_{[i]}] = \begin{cases} \dfrac{\lambda}{2}a_1 + \dfrac{a_2}{2} + \dfrac{1-\lambda}{2}a_3, & 若 \ a_3 \leq 0 \\[2mm] \dfrac{\lambda}{2}(a_1 + a_2) + \dfrac{\lambda a_3^2 - (1-\lambda)a_2^2}{2(a_3 - a_2)}, & 若 \ a_2 \leq 0 \leq a_3 \\[2mm] \dfrac{\lambda}{2}(a_2 + a_3) + \dfrac{(1-\lambda)a_2^2 - \lambda a_1^2}{2(a_2 - a_1)}, & 若 \ a_1 \leq 0 \leq a_2 \\[2mm] \dfrac{(1-\lambda)a_1 + a_2 + a_3}{2}, & 若 \ 0 \leq a_1 \end{cases}$$

其中 λ 表示為決策者態度的樂觀−悲觀指數。由於在機器調度問題中，模糊變量的範圍均為負，因此，有 $a_1 \geq 0$，所以在實際應用中，三角模糊變量帶模糊測度 Me 的期望值為

$$E^{Me}[\tilde{a}_{[i]}] = \frac{(1-\lambda)a_1 + a_2 + a_3}{2} \tag{3.10}$$

令 $r_{[i]}$ 表示第 i 個工件加工過程中機器的發生故障次數的期望值，因此

$$r_{[i]} = g(E^{Me}(\tilde{a}_{[i]})) - g(E^{Me}(a'_{[i]})) \tag{3.11}$$

第 i 個工件的期望完工時間為：

$$\tilde{C}_{[i]} = \sum_{h=1}^{i}[\tilde{p}_{[h]} + t_p y_{[h]} + t_r r_{[h]}] \tag{3.12}$$

所有工件的期望完工時間和為

$$TC = \sum_{i=1}^{n} \tilde{C}_{[i]} \tag{3.13}$$

機器的維修費用包括預基礎維護費用以及小修成本，則在整個加工過程中所需維修費用為：

$$MCost = \sum_{i=1}^{n}(c_p y_{[i]} + c_r r_{[i]}) \tag{3.14}$$

綜合目標函數以及約束條件，建立如下加工時間模糊的考慮維護時間的單臺機器調度問題模型。

$$\begin{cases} \min \sum_{i=1}^{n} \tilde{C}_{[i]} \\ \min \sum_{i=1}^{n} (c_p y_{[i]} + c_r r_{[i]}) \\ \text{s. t.} \begin{cases} x_{ij} \in \{0, 1\}, \ i = 1, 2, \ldots, n; \ j = 1, 2, \ldots, n \\ \sum_{j=1}^{n} x_{ij} = 1, \ i = 1, 2, \ldots, n \\ \sum_{i=1}^{n} x_{ij} = 1, \ j = 1, 2, \ldots, n \end{cases} \end{cases} \quad (3.15)$$

最小化完工時間和與最小化總維護費用孰輕孰重主要取決於決策者。對於單目標優化問題，最優解只有一個，但是多目標優化的最優解往往不止一個，很大程度上取決於決策者的愛好。因此，此模型是典型的多目標優化問題。多目標優化問題中存在著多個相互衝突的子目標，在一個目標上取得改進，將會引起另一個或多個目標的降低，同時使所有目標都達到最優是不可能的，多目標規劃的目的是研究如何在多個目標中進行協調和折中，使得總體上都盡可能達到最優化。多目標優化問題的數學形式可以描述為：

$$\min f(\vec{X}) = [f_1(\vec{X}), f_2(\vec{X}), \ldots, f_p(\vec{X})]^T$$

s. t. $h_i(\vec{X}) \leq 0, \ j = 1, 2, \ldots, m$

其中 $\vec{X} = (x_1, x_2, \ldots, x_n)^T$ 是決策變量，$\vec{X} \in \Theta \in R^n$，$f_i$ 是第 i 個目標函數，h_i 表示第 i 個約束條件。

在多目標規劃理論中最重要的一個基本概念是 Pareto 解集。經濟學家 Vilfredo Pareto 首次提出了 Pareto 解集的概念，即一個解可能在多目標規劃中某個目標上是最好的，但在其他目標上是最差的，Pareto 最優解集內部的元素是彼此不可比較的。

【定義 3.1】令解 $\vec{X}^0 \in \Theta$，

（1）$\vec{X}^0$ 占優 (dominate) $\vec{X}^1$（$\vec{X}^0 < \vec{X}^1$），$i = 1, 2, \cdots, p$ 當且僅當 $f_i(\vec{X}^0) < f_i(\vec{X}^1)$，$\exists i \in \{1, 2, \cdots, p\}$

（2）$\vec{X}^0$ 是一個 Pareto 最優解（非劣解或者非支配解）當且僅當 $\neg \exists \vec{X}^1$：

$\vec{X}^1 < \vec{X}^0$。

（3）Pareto 最優集 P_S 是指該集合中的所有解都是 Pareto 最優解。

$P_S = \{\vec{X}^0 \in \Theta \mid \neg \exists \vec{X}^1 : \vec{X}^1 > \vec{X}^0\}$

（4）Pareto 前沿 P_F 指的是 Pareto 最優集在目標函數空間裡的像

$P_F = \{f(\vec{X}) = (f_1(\vec{X}), f_2(\vec{X}), \ldots f_m(\vec{X})) \mid \vec{X} \in P_S\}$

對於 Pareto 解集的評價是理論研究以及實際應用中關注的重要問題。一般來說，理想的 Pareto 解集應滿足三個條件：①求得的 Pareto 解集應盡可能趨近於理論 Pareto 解集；②Pareto 解集的分佈盡可能均勻；③Pareto 解集應有盡可能好的擴展性。為評價 Pareto 解集在這三個方面的表現，Zitzler 等提出了平均距離指標[1]。

【定義 3.2】平均距離指標

$DR_1 := \dfrac{1}{|N|} \sum_{a' \in X'} \min\{\|a' - \bar{a}\| ; \bar{a} \in P_S\}$

其中，X_0 為求得的 Pareto 解集，N 為求得的 Pareto 解集中的非劣解的個數，P_S 為理論 Pareto 解集。DR_1 越小說明求得的 Pareto 解集應更趨近於理論 Pareto 解集。

Veldhuizen 等根據優化和決策的順序將多目標優化方法總結為三類：先驗優先權、交互式以及後驗優先權方法。先驗優先權方法為事先給定各個目標的優先權重，將多目標轉化為單目標。交互式方法中，優先權的設置是與非劣解的搜索過程交替進行的。交互式方法是先驗優先

---

[1] Zitzler E, Deb K, Thiele L. Comparison of multiobjective evolutionary algorithms: Empirical results [J]. Evolutionary Computation, 2000, 8 (2): 173–195.

權方法與後驗優先權方法的結合。後驗優先權方法是先找出所有的非劣解，再根據決策者的偏好選取其決策。

多目標優化問題的處理方法有聚合法和 Pareto 集方法。

（1）聚合法。

簡單來說，聚合法就是把多個目標轉化為傳統的單目標規劃再進行求解，包括字典序法、目標向量法、分層序列法和 ε 約束法等[①]。由於這種方法非常簡捷方便，在實踐研究中得到了最廣泛的應用。

（2）Pareto 集方法。

Pareto 集方法本質上是基於 Pareto 解集概念，基本思想是在進化算法中將多目標值映射到一種基於秩的適應度函數中。Pareto 集方法與前兩種方法相比更加貼近多目標的本質。很多算法都可以嵌入 Pareto 集方法處理多目標轉化為多目標算法，例如多目標遺傳算法、多目標粒子群算法等。本書將用到多目標遺傳算法求解本章的問題。

3.3　MOHGA 算法

本章採用一種新的多目標混合遺傳算法（Multi-Objective Hybrid Genetic Algorithm, MOHGA）來求解模糊加工時間的維護時間可調的單機排序模型，以下針對模型的具體特點，設計合理的編碼、交叉、變異操作。

3.3.1　編碼方式

在應用遺傳算法解決生產調度問題時，問題的參數沒有直接參與到遺傳運算中，而是借助於問題的實際描述與染色體表示之間的關係，也就是編碼與解碼。如何將問題的解用染色體來表達是遺傳算法的關鍵，

---

①　安偉剛. 多目標優化方法研究及其工程應用 [D]. 西安：西北工業大學, 2005.

許多針對遺傳算法的研究都是圍繞解的表達結構來進行的。Holland 提出用二進制字符串（binary string）來表達解的結構，二進制符號 0 和 1 構成編碼的符號集。這種方法的編碼和解碼都非常容易操作，而且易於實現遺傳操作。但是這種方法對反應實際問題不太適用，因此可以結合具體問題具體分析，採用二進制與非二進制編碼相結合的形式進行編碼。這裡採用二進制編碼與基於序列編碼相結合。

聯合優化生產計劃與維護計劃問題的每個染色體都由一個字符串來表示，這一串字符包含兩部分，基礎維護活動部分以及工件序列部分。針對基礎維護活動，採取二進制編碼，即用 0 和 1 表示，1 表示第 i 個工件前有基礎維護活動，0 表示第 i 個工件前沒有基礎維護活動。需要加工的工件共有 n 個，由於基礎維護活動只能被安排在某些工件加工之前，因此工件序列以及維護序列的長度均為 n，即代表維護計劃的染色體有 n 個基因，代表工件序列的是另外 n 個基因。

工件的加工順序的染色體編碼採用 Sortrakul 等提出的方法[①]，這種編碼方法既直觀又簡單。如，對於 3 個工件的聯合優化問題，染色體 $\{1,0,1,3,2,1\}$ 用來表示可行解，其中第一個加工的工件是 J_3，緊接著是 J_2 和 J_1。前三個基因中，0 表示第 i 個工件前沒有安排基礎維護，1 表示第 i 個工件前有安排基礎維護，如圖 3-2 所示。因此，工件 J_3 和工件 J_1 前有基礎維護。遺傳算法的初始群通過隨機方式產生，大小設為 popsize。

---

① Sortrakul N, Nachtmann H L, Cassady C R. Genetic algorithms for inte grated preventive maintenance planning and production scheduling for a single machine [J]. Computers in Industry, 2005, 56（2）: 161-168.

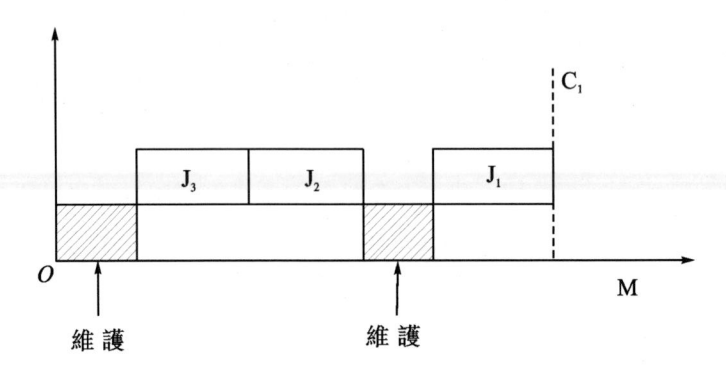

圖 3-2　遺傳算法的編碼方式

3.3.2　精英策略

精英選擇（elist selection）指的是如果當前的種群中含有適應值比下一代種群中的最優個體適應值更優的個體，就把當前種群中最優的個體或者適應值大於下一代最優個體的多個個體複製到下一代，隨機或直接代替下一代種群中相應數量的最差個體。這種方式可保證種群可以收斂到最優解。

Step 1：分配 Pareto 排序以及聚集距離。

Step 1.1：將種群 $P(t)$（popsize）與存檔 $A(t)$（popsize）合二為一產生 2×popsize 個個體。

Step 1.2：給每一個個體分配一個 Pareto 序。

Step 1.3：計算每個個體之間的聚集距離。

Step 2：產生新的存檔 $A(t+1)$。

Step 2.1：將個體插入存檔 $A(t+1)$ 中。序列 1 中的個體最先插入，緊接著是序列 2 中的個體……。如果序列 r 中的個體不能全部被嵌入到 $A(t+1)$ 中，則將個體按照聚集距離非增的順序依次嵌入 $A(t+1)$ 中直至嵌入 popsize 個個體。

Step 3：產生新的種群 $A(t+1)$。

Step 3.1：採用二進制聯賽選擇算法從 $A(t+1)$ 中形成一個交配池。如果 $A(t+1)$ 中的兩個個體有不同的等級，則等級低的個體將在聯賽中

獲勝。如果二者等級相同，則擁有較大聚集距離的個體獲勝。

Step 3.2：通過交配池中的個體交叉變異產生新的種群 $A(t+1)$。交叉方式採用單點交叉，變異方式為多項式變異。

3.3.3 交叉與變異

在遺傳算法的研究中，針對序數編碼的染色體，有多種交叉和變異方式。在模糊加工時間的維護時間可調的調度問題中，選擇單點交叉方式和單點變異方式。單點交叉方式中，隨機產生的交叉點後的字符串直接用另外一個父代個體相同位置後面的字符串替代。這裡交叉點的範圍為 $[1, 2n-1]$，變異點的位置範圍為 $[1, 2n]$。

如果交叉位置落在 $[1, n]$ 時，即交叉點落在基礎維護序列中，此時對基礎維護染色體進行單點交叉，兩個父代位於交叉點後基因進行交換。

如果交叉位置落在 $[n+1, 2n]$ 時，即交叉點落在工件序列中，因此兩個父代的基礎維護染色體保持不變。對於非二進制字符編碼的工件序列，採取 C1 交叉操作[1][2]。任意選擇一個交叉點 X，第一個父代個體的前 X 基因部分保持不變，X 後的基因按照第二個父代個體染色體中相應基因順序排列，得到第一個子代。第二個父代個體的前 X 基因部分保持不變，X 後的基因按照第一個父代個體染色體中相應基因順序排列，得到第二個子代。採用 C1 交叉產生的子代仍然是可行解。

假設有兩個父代個體，父代個體 1 為 {0,1,1,0,2,3,4,1}，父代個體 2 為 {0,1,0,1,4,1,2,3}。如果交叉點為 2，則得到子代個體 1 為 {0,1,0,1,4,1,3,2}，子代個體 2 為 {0,1,1,0,2,3,4,1}，如圖 3-3 所示。如果交叉點為 5，則得到子代個體 1 為 {0,1,1,0,2,4,1,3}，得到

---

[1] Sortrakul N, Nachtmann H L, Cassady C R. Genetic algorithms for inte grated preventive maintenance planning and production scheduling for a single machine [J]. Computers in Industry, 2005, 56 (2): 161-168.

[2] Reeves C R. A genetic algorithm for flowshop sequencing [J]. Computers & Operations Research, 1995, 22 (1): 5-13.

子代個體 2 為 $\{0,1,0,1,4,2,3,1\}$，如圖 3-4 所示。

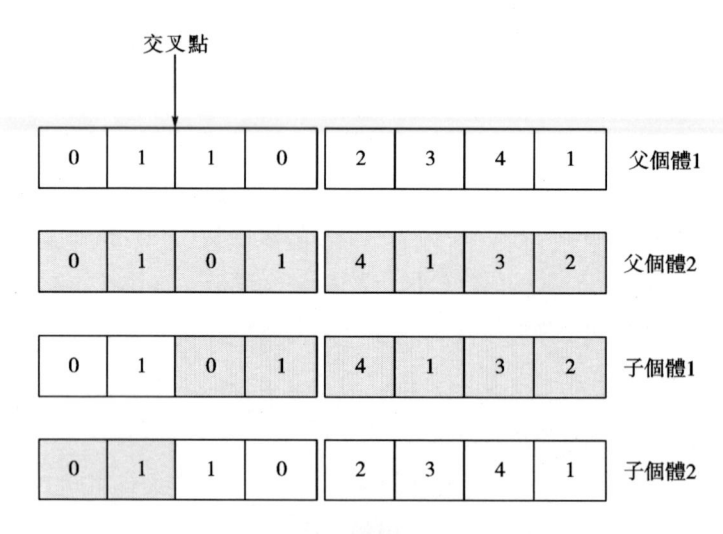

圖 3-3　維修染色體的單點交叉

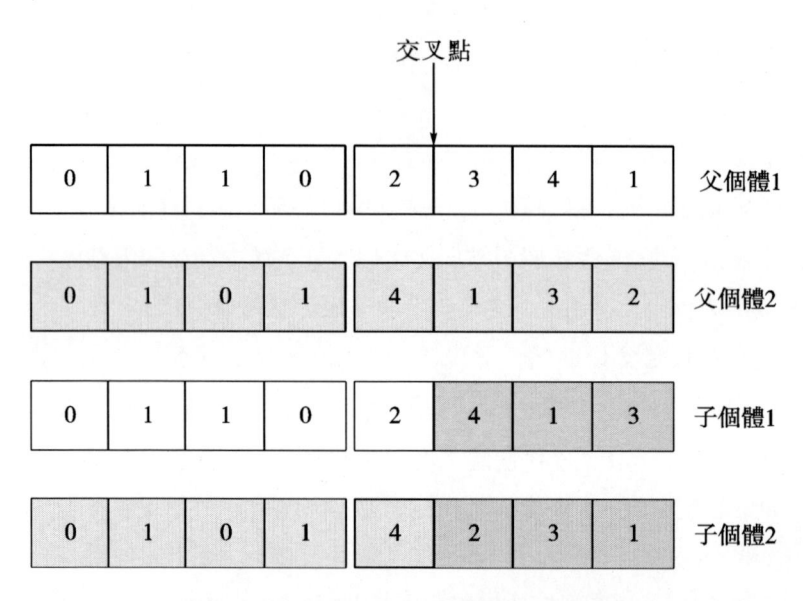

圖 3-4　生產工件序列染色體的 $C1$ 交叉

如果變異位置落在 $[1, n]$ 時，即交叉點的位置處於基礎維護序列中，則對基礎維護染色體採取單點交叉操作，改變變異點處基因值，

即對變異點處的值進行 0 與 1 之間的變換。

如果變異位置落在 $[n, 2n]$ 時，即交叉點的位置處於工件序列中，則保持基礎維護染色體不變，對生產工件序列染色體採用 Sortrakul 等提出的移碼變異法進行變異①，此時變異位置的基因將被移至工件序列基因的最後一位。

假設對父代個體 1 $\{0,1,1,0,2,3,4,1\}$ 進行變異。如果變異點為 2，則子代個體為 $\{0,0,1,0,2,3,4,1\}$，如圖 3-5 所示；如果變異位置為 5，即變異點位於工件序列染色體部分，得到變異後的子代為 $\{0,0,1,1,2,3,4,1\}$，如圖 3-6 所示。

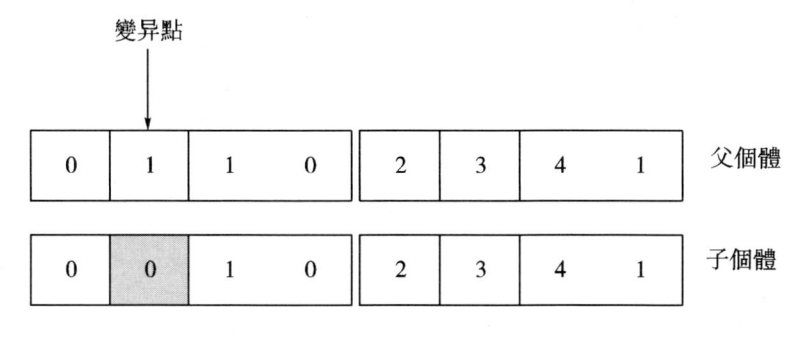

圖 3-5　維修染色體的變異

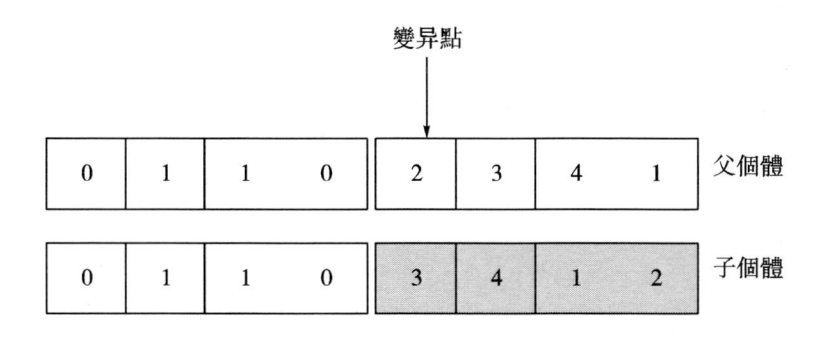

圖 3-6　生產工件序列染色體的變異

---

① Sortrakul N, Nachtmann H L, Cassady C R. Genetic algorithms for integrated preventive maintenance planning and production scheduling for a single machine [J]. Computers in Industry, 2005, 56 (2): 161-168.

3.3.4 選擇操作

選擇過程主要體現的是自然界中適者生存、優勝劣汰的競爭思想，是遺傳算法的驅動力。如果此驅動力過大，則會導致遺傳算法過早終止搜索過程；如果驅動力過小，則會導致遺傳算法的進化時間過長，因此適當的驅動力是遺傳算法的研究熱點。本節採用輪盤賭選擇法來選擇具有競爭力的個體進入父代個體。輪盤賭選擇法需要根據各個染色體的適應值的比例來確定這個個體被選擇的概率，一般用輪盤賭模型來代表這些概率。選擇過程中需要旋轉輪盤 popsize 次。

在遺傳算法中要進行選擇操作必須計算出種群中個體的適應度。通常遺傳算法的適應值為模型的目標函數，而本章提出的模糊加工時間的維護時間可調的單機調度模型中有兩個目標：總完工時間目標（TC）和費用目標（MC），為簡單處理模型中的多目標，本書採用聚合法將兩個目標整合為一個目標，並將整合的目標值作為遺傳算法的適應值。由於模型的兩個目標量綱不同，將目標值除以各個目標預測的最大值來統一量綱，即：

$$TC' = \frac{TC}{TC^{max}}, MC' = \frac{MC}{MC^{max}}$$

其中，TC^{max}，MC^{max} 分別是總完工時間目標（TC）和費用目標（MC）預測的最大值。考慮決策者的偏好，模糊加工時間的單臺機器調度的目標可以表示如下：

$$\min(w_1 TC' + w_2 MC')$$

其中 w_1 和 w_2 為決策者根據自己的偏好給定的兩個目標的權重，顯然有 $w_1 + w_2 = 1$。eval $= w_1 TC' + w_2 MC'$ 作為遺傳算法的適應值。

3.3.5 總體流程

模糊加工時間的維護時間可調的單機調度問題的總體算法流程如圖 3-7 所示。

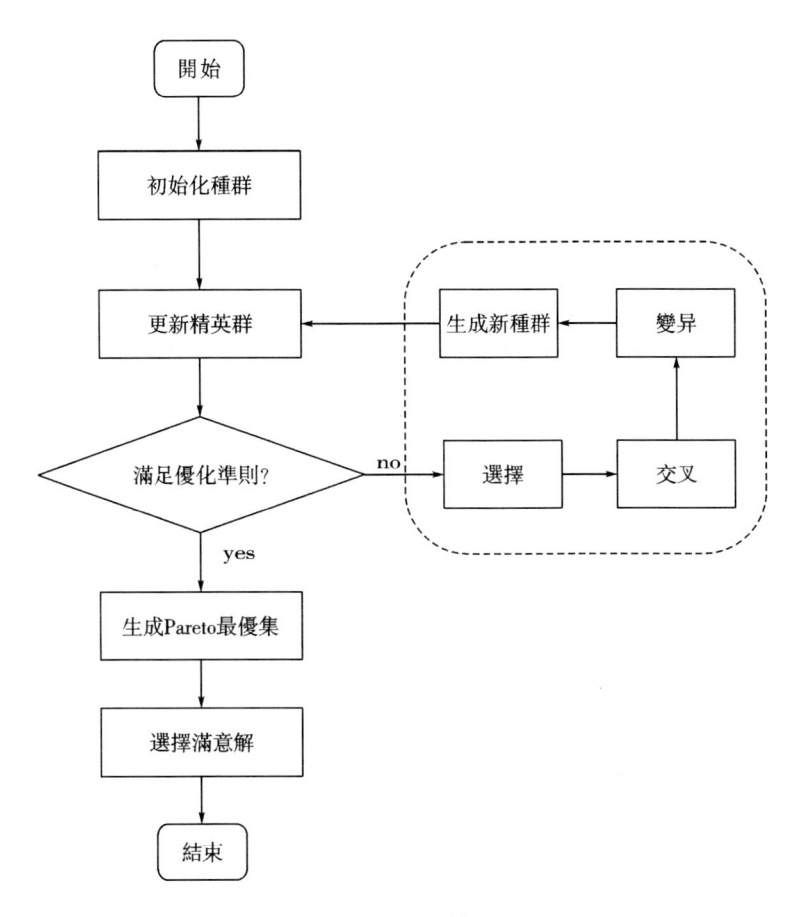

3　模糊加工時間彈性維護活動的單機調度問題 | 87

圖 3-7　MOHGA 算法流程

Step 1：初始化。設置算法的參數，包括種群的大小 popsize、交叉概率 p_c、變異概率 p_m、最大精英數 N_{elite} 以及最大遺傳代數 τ_{max}。隨機生成 popsize 個服從均勻分佈的個體作為初始種群，並且評價它們的適應值。令 $\tau = 0$。

Step 2：尋找種群的非劣個體解集，設為 ε_τ，其中（$\tau = 1, 2, \cdots, \tau_{max}$）。在執行遺傳算法時，從 ε_τ 中挑出 ε_i（i = 1, 2, $\cdots$, $\tau - 1$）個不同的非劣個體，由此建立的新的非劣個體解集記為 ε_τ，並將其保存在精英集中。從中隨機選取 N_{elite} 組個體作為父代個體。剩餘（$N_{pop} - N_{elite}$）

組父代個體從種群中選出。將種群中每個個體的適應度函數值計算出來後，採用輪盤賭方法來篩選（$N_{pop} - N_{elite}$）組父代個體。

Step 3：對 N_{pop} 組父代個體執行隨機配對。根據交叉概率 p_c 以及單點交叉法，產生出一組新個體。

Step 4：對於新產生的子代個體，根據變異概率 p_m 對其採取單點變異方法執行變異操作。

Step 5：評價和分類每組新個體。如果存在非劣個體，則將其作為新的子代個體，否則採取隨機方法，隨機地選擇一個個體作為新個體。然後將這 N_{pop} 個新個體組成一個新的種群。

Step 6：把精英解集中所有非劣的子代個體作為最優集。

Step 7：決策者根據（公司）自己的偏好從上述最優集中選出一個最滿意的解。

3.4 算例分析

X 重型汽車有限責任公司是一個省級的大規模的綜合汽車製造公司，主要由三方出資組建。該公司有汽車總裝、分動箱加工、車橋加工、艾森曼噴漆以及聯動大型駕駛室覆蓋件和車架成型衝壓等多條生產線。總資產超過 12 億元，專業員工超過 500 人。由於規模巨大，公司的訂單繁多，機器的運行時間長，需要對其進行維護。生產過程中，隨著使用時間的持續增加，機器將會產生磨損、腐蝕等，如果不及時維護、更換，就會使得機器快速衰退，以至於停機無法生產，導致企業需要付出額外的高昂停機成本，從而增加製造總成本，甚至可能因為停機而需要重新調整生產作業計劃與派工，這樣進一步造成出貨時間及交貨時間延遲，使得顧客的滿意度降低，影響企業未來發展。本章對其某一臺機器的生產計劃與維護計劃進行研究。

3.4.1 算例描述

一般而言，Weibull 分佈的參數是可以通過分析歷史維護數據得到的。假設機器會遭受損壞，並且這臺機器的損害時間服從 Weibull 分佈。為了使機器的損壞風險減小，Weibull 分佈的形狀參數應該要大於 1。這一章中，假設 Weibull 分佈的形狀參數 $\eta = 100$，尺度參數 $\beta = 2$。在實際生產過程中，維護工人要事先給出相關的維護參數。機器的基礎維修時間為 $t_r = 15$ 分鐘，費用為 $c_p = 1,500$ 元，更換時間為 $t_p = 5$ 分鐘，費用為 $c_r = 500$ 元。機器的初始有效壽命為 $a_{[0]} = 55$。在此案例中，決策者對於完工時間和以及維護成本這兩個目標的權重分別為 $w_1 = 0.6$，$w_2 = 0.4$。某車間內部分工件的加工時間如表 3-1 所示。

由前面的分析可知機器的故障分佈服從 Weibull 分佈。由前可知，根據公式 (3.7)，最優的維護活動間隔為 $\rho* = 58$。種群的規模 popsize $= 30, 50$，個體交叉的概率為 $p_c = 0.9, 0.8$，個體變異的概率為 $p_m = 0.3, 0.1$，精英個體數 $N_{elite} = 2, 3$。計算終止條件均設定為評價 100,000 個解。經仿真實驗分析採用如下參數：種群的規模 popsize $= 50$，個體交叉的概率為 $p_c = 0.8$，個體變異的概率為 $p_m = 0.3$，精英個體數 $N_{elite} = 3$。計算終止條件均設定為評價 100,000 個解（最大適應值評價次數）。每種算法在相同的初始條件下獨立運行 10 次，合併各次非劣解集並剔除其中的劣解後，獲得各問題的最終非劣解集，作為參考集。採用遺傳算法計算後，結果如表 3-2 所示。若工件的加工順序相同，不同的維護序列下的工件完工時間和不盡相同。如維護執行序列相同，不同的工件加工順序下的工件完工時間和也不盡相同。若決策者主要考慮維護費用，則在相同的工件加工順序不同的維護序列下，維護費用會有所改變，但是，不同的工件加工順序相同的維護序列下，維護費用的改變不大。

表 3-1　　　　　　　　　　　　參數

工件	模糊加工時間
1	(11, 13, 15)
2	(16, 18, 19)
3	(20, 24, 26)
4	(21, 22, 23)
5	(26, 28, 30)
6	(14, 15, 17)
7	(17, 19, 21)
8	(20, 23, 26)
9	(25, 27, 28)

表 3-2　　　　　　　不同遺傳代數下的非支配解

解	維護序列	加工序列	完工時間和	$c_1(\cdot)$（分）	維護費用（元）
1	000000000	162784395	(761, 892, 934)	869.75	1,412.50
2	001000000	162784395	(1,045, 1,149, 1,221)	1,141	1,653.22
3	000100000	162784395	(1,063, 1,167, 1,239)	1,159	1,717.32
4	010010010	162784395	(1,156, 1,261, 1,352)	1,257.5	2,401.45
5	101001000	162784395	(1,149, 1,253, 1,324)	1,244.75	2,391.15
6	001000001	162784395	(1,078, 1,165, 1,227)	1,158.75	3,275.65
7	000010010	162784395	(1,069, 1,152, 1,219)	1148	1,412.50
8	000101001	162784395	(1,164, 1,271, 1,362)	1,267	1,664.28
9	000000100	162784395	(1,001, 1,098, 1,102)	1,074.75	1,717.32
10	001000100	162748395	(1,044, 1,137, 1,229)	1,136.75	2,381.32
11	000010010	612748395	(1,052, 1,146, 1,237)	1,145.25	2,418.34
12	001000100	261784395	(1,078, 1,190, 1,268)	1,181.5	2,089.52

本章主要考慮的是模糊加工時間下帶有彈性維護時間的單臺機器調

度問題，下面給出五個不同狀況下的例子。

(1) 加工時間模糊的生產計劃。

若只考慮生產計劃的完工時間和，則有

$$\sum_{i=1}^{n} \tilde{c}_{[i]} = \sum_{i=1}^{n} \Big(\sum_{k=1}^{i} \sum_{j=1}^{n} \tilde{p}_j x_{kj} \Big) \tag{3.14}$$

模糊加工時間的生產計劃完工時間（無故障）如表 3-3 所示。

由於加工時間的模糊性，需按照模糊數的大小進行比較。假設最後得到的最優工件加工序列為 $\rho_{SPT'}$，即 1-6-2-7-8-4-3-9-5，工件的期望總完工時間為 $\rho_{SPT'}(TC) = (730, 834, 906)$。由於對機器沒有進行任何的維護和維修，因此總的維護費用為 0。然而，在這種情況下，機器遭受損壞的機率很大，一旦機器因為沒有得到維護而毀壞停機，則決策者須付出更高的成本。

表 3-3　　模糊加工時間的生產計劃完工時間（無故障）

工件	模糊完工時間（無故障）	$c_1(.)$
J_1	(11, 13, 15)	13
J_6	(25, 28, 32)	28.25
J_2	(41, 46, 51)	46
J_7	(58, 65, 72)	65
J_8	(75, 88, 96)	86.75
J_4	(96, 110, 119)	108.75
J_3	(116, 134, 145)	132.25
J_9	(141, 161, 173)	159
J_5	(167, 189, 203)	187

(2) 加工時間確定的生產計劃。

首先根據上述工件的加工時間構造一個加工時間為實數的案例，即 $p_j \in \mathbf{R}$。由於上述遺傳算法是針對模糊數的，因此為了保持一致性，這

裡將這些實數加工時間轉換為等價的模糊數。為達到此目的，只要令三角模糊函數為：

$A = (p, q, r), p = q = r$

機器上需要加工的各個工件的加工時間見表3-4。此時，工件的加工順序可以通過傳統的單臺機器調度問題得到。對於同一實例，由於不考慮機器的不可用性約束，因此不存在機器中斷和維護時間，工件序列主要由工件的加工時間決定。若加工時間為確定的數，則按照SPT規則可以得到最優工件加工工序ρ_{SPT}，即 1-6-2-7-4-8-3-9-5，工件的總完工時間為$\rho_{SPT}(TC) = 835$（見表3-5）。由此可以看出，當工件的加工時間是模糊數時，依照三角模糊數的主值進行SPT序排列得到的加工順序不一定是最優的。因此，對模糊加工時間的機器調度問題研究是有必要的，通過採取不同的方法，可以更加合理地安排機器的調度，從而優化生產計劃。由於對機器沒有進行任何的維護和維修，因此總的維護費用為0。同理，在這種情況下，機器遭受損壞的機率很大，一旦機器因為沒有得到維護而毀壞停機，則決策者須付出更高的成本。

表3-4　　　　　　　　　　　參數

工件	加工時間
J_1	(13, 13, 13)
J_2	(18, 18, 18)
J_3	(24, 24, 24)
J_4	(22, 22, 22)
J_5	(28, 28, 28)
J_6	(15, 15, 15)
J_7	(19, 19, 19)
J_8	(23, 23, 23)
J_9	(27, 27, 27)

表 3-5　　　　　　　SPT 序下的無故障工件完工時間

J_j	J_1	J_6	J_2	J_7	J_4	J_8	J_3	J_9	J_5
完工時間（無故障）（分）	14	28	47	65	87	110	134	161	189

（3）獨立生產計劃和維護計劃。

如果對機器進行基礎維護，則由前可知，最優的基礎維護時間間隔可由公式（3.7）計算而得，即 $\rho* = 58$。一旦機器發生故障或者小修，機器則需要停止加工任何工件，此時，工件的完工時間不僅要考慮工件本身的加工時間，還需考慮基礎維護活動以及更換的可能。因此，若工件的加工時間為三角模糊的情況下單純考慮維護計劃，工件依然按照序列 ρ_{SPT} 加工，工件的完工時間如表 3-6 所示，其總的維護費用為 2,401.45元。若工件的加工時間為實數的情況下單純考慮維護計劃，工件依然按照序列 ρ_{SPT} 加工，各個工件的完工時間如表 3-7 所示。

表 3-6　　模糊加工時間的生產計劃完工時間（有故障）

工件	完工時間（有故障）	$c_1(.)$（分）
J_1	(11, 13, 15)	13
J_6	(25, 28, 32)	28.25
J_2	(41, 46, 51)	46
J_7	(73, 80, 87)	80
J_8	(105, 118, 126)	116.75
J_4	(141, 155, 164)	153.75
J_3	(191, 209, 220)	207.25
J_9	(246, 266, 278)	264
J_5	(316, 338, 351)	335.75
TC	(1149, 1253, 1324)	1,244.75

表 3-7　　　　　　　SPT 序下的工件完工時間

J_j	J_1	J_6	J_2	J_7	J_4	J_8	J_3	J_9	J_5
完工時間（有故障）	28	43	61	95	117	140	179	206	249

（4）聯合生產計劃與維護計劃。

由前可知，獨立生產計劃與維護計劃下，工件按照 SPT 規則排序可以得到最優加工順序，此時的基礎維護有三次，具體維護信息見表 3-8。對於聯合優化生產計劃與維護計劃，本節採用混合遺傳算法。由表 3-8 可知，獨立優化與聯合優化的工件加工序列是一致的，但是遺傳算法的結果要優於獨立優化的結果，不僅完工時間和提前了 2.5%（考慮 $c_1(\cdot)$），而且維護費用也有所降低。因此可得，本算法對該案例是有效的。

表 3-8　　　　　　　不同策略的優化結果

策略	生產計劃	獨立生產計劃與維護計劃	聯合生產計劃與維護計劃
加工順序	1-6-2-7-8-4-3-9-5	1-6-2-7-8-4-3-9-5	1-6-2-7-8-4-3-9-5
基礎維護優化結果	—	$\rho*=58$	$V=\{19, 63, 80\}$
基礎維護的執行時間	—	41-141-246	19-124-180
完工時間和	(730, 834, 906)	(1,149, 1,253, 1,324)	(1,132, 1,210, 1,304)
$c_1(.)$（分）	826	1,244.75	1,214
維護費用（元）	—	1,421.75	1,287.30

單一的案例無法為算法提供準確的分析結果，因此本節設計了多個數據實驗。假設在列舉出的實驗中，決策者需要完成的工件有 20 種。機器的故障服從 Weibull 分佈，形狀參數 $\eta=100$。參照 Cassady 和 Kutanoglu 的分組方法①，本節給出 16 個小類，每個小類的工件加工時間、機器的初始壽命等參數如表 3-9 所示。

（1）機器的初始壽命 $a_{[0]}$ 是整數集 $\mathbf{Z}1 = \{51, 52, \cdots, 100\}$ 中的任意元素。

（2）令工件的模糊加工時間為 $\tilde{p}_i = (p_i - \alpha, p_i, p_i + \beta)$，$p_i$ 是整數集 $\mathbf{Z}2 = \{1, 2, \cdots, P\max\}$ 中的任意元素，整數 $\alpha \in [0.06p_i, 0.15p_i]$，$\beta \in [0.06p_i, 0.15p_i]$。

在利用遺傳算法求解此優化問題時，參數設置為：種群的規模 popsize=50，最大的迭代次數 $\tau_{\max} = 200$，個體交叉的概率為 $p_c = 0.9$，個體變異的概率為 $p_m = 0.3$。為檢驗本節的混合遺傳算法的優化性能，採用 NSGA-II 作為參照算法，每種算法在相同初始條件下各自運行 20 次。表 3-10 給出了兩種不同算法下（NSGA-II②）非劣解的個數以及算法的平均運行時間。從表中可以得到以下結論：

（1）兩個算法均能得到 Pareto 最優解。

（2）MOHGA 算法得到的非劣解比 NSGA-II 算法的多。

（3）MOHGA 算法的運行時間遠比 NSGA-II 算法的運行時間少。由此可證實 MOHGA 算法的有效性及優越性。

表 3-9　　　　　　　　　　算例設計

實驗組	實驗類型	β	t_p	t_r	$P_{\max}$	n*	實驗組	實驗類型	β	t_p	t_r	$P_{\max}$	n*
1	1	2	5	15	50	58	5	9	3	5	15	50	55
	2	2	5	15	100	58		10	3	5	15	100	55
2	3	2	5	25	50	45	6	11	3	5	25	50	46

---

① Sortrakul N, Nachtmann H L, Cassady C R. Genetic algorithms for inte grated preventive maintenance planning and production scheduling for a single machine [J]. Computers in Industry, 2005, 56 (2): 161-168.

② Dekker R. Applications of maintenance optimization models: a review and analysis [J]. Reliability Engineering & System Safety, 1996, 51 (3): 229-240.

表3-9(續)

實驗組	實驗類型	β	t_p	t_r	P_{max}	$n*$	實驗組	實驗類型	β	t_p	t_r	P_{max}	$n*$
3	4	2	5	25	100	45	7	12	3	5	25	100	46
	5	2	10	15	50	82		13	3	10	15	50	69
	6	2	10	15	100	82		14	3	10	15	100	69
4	7	2	10	25	50	63	8	15	3	10	25	50	58
	8	2	10	25	100	63		16	3	10	25	100	58

表3-10　　　　　　　　多算例運行結果

實驗組	實驗類型	獲得的非劣解數量		運行時間	
		MOHGA	NSGA-II	MOHGA	NSGA-II
1	1	7	7	13	38
2	2	6	6	12	33
	3	8	3	17	40
	4	2	2	14	41
3	5	1	1	22	60
	6	6	5	14	36
4	7	8	6	11	33
	8	2	2	15	35
5	9	1	1	14	30
	10	4	3	16	37
6	11	5	3	14	40
	12	7	6	18	48
7	13	6	6	19	46
	14	4	4	17	36
8	15	7	5	19	48
	16	6	4	15	39

3.4.2 算法分析

Roy 給出了魯棒性的具體定義，用來描述「模糊近似值」或者「無知區域」的承受能力，從而避免不良的影響，特別是維護性能的退化[1]。現有的研究成果中只有很少的部分研究遺傳算法的魯棒性[2]。基於 Roy 給出的定義，一個「穩定的啓發式」必須有以下兩個特點：① 多次運行後的結果都是一致的（即有抗性）；②給定不同的不確定參數，算法都有一個「無知區域」。

魯棒性就是算法的穩定性，指的是被測數據出現「震動」（受到干擾）時，算法得到的結論是否相對穩定。本節中的遺傳算法的魯棒性測試不能基於加工時間的改變，這是因為加工時間也是輸入的一部分。改變加工時間可能會引起整個問題的變化。魯棒性測試不同於靈敏度分析。本節中所考慮的問題給出的是數值算例，因此不需要再進行靈敏度分析。再者，靈敏度分析方法一般都依賴於輸入值的改變。

給定 10 個不同的隨機數集，從而產生 10 個不同的測試。詳細的結果見表 3-11，在第二列中給出了最優解出現的次數，第三列給出了一次測試中 50 次迭代的平均值。通過上述測試，本節提出的遺傳算法對於解決模糊環境下考慮維護時間的單機調度問題是有效的。本算法能夠快速地得到最優解並且在一個測試中多次出現。非最優解並不是最壞的結果，50 次迭代中，所有解的平均獲得時間是 53.13 秒。另外，此算法還能發掘其他可替代的最優解。

---

[1] Roy B. Robustness in operational research and decision aiding: A multi faceted issue [J]. European Journal of Operational Research, 2010, 200 (3): 629-638.

[2] Ho W H, Chen S H, Liu T K, et al. Design of robust-optimal output feedback controllers for linear uncertain systems using lmi-based approach and genetic algorithm [J]. Information Sciences, 2010, 180 (23): 4529-4542.

表 3-11　　　　　　　　　　測試結果比較

測試序號	最優解的數目	平均時間（s）
1	8 次	43.20
2	10 次	42.86
3	8 次	43.34
4	10 次	43.00
5	9 次	43.10
6	6 次	43.14
7	7 次	43.34
8	10 次	43.92
9	6 次	43.12
10	7 次	43.32
平均	8.2 次	43.13

3.5　小結

　　單機問題是其他問題的基礎，很多存在瓶頸機器的生產車間都可以歸結為單機問題。本章針對模糊加工時間彈性維護的單機調度問題，採用威布爾分佈函數描述機器在運行過程中發生故障的時間的隨機性，推導了機器故障概率與故障發生時間之間的關係方程，引入帶樂觀−悲觀指標的期望算子對模糊參數進行清晰化處理。根據模型的特點，本章設計了基於二進制編碼與序列編碼相結合的具有加權適應度的多目標遺傳算法，並以某車橋廠為案例進行了計算分析，結果證明了模型和算法的優化的有效性。通過與單獨考慮維護計劃與生產計劃的比較發現，聯合考慮維護計劃與生產計劃對提高製造企業的整體效率是有效的。

4 模糊加工時間彈性維護活動的異序作業調度問題

製造環境將原料、勞動力、機器以及能量轉化為產品。轉化的效率決定了企業能否在當今競爭日益激烈的市場環境下存活。機器調度作為將生產計劃轉化為生產活動的最後一步，是生產成本與服務水平的主要決定因素。混亂的調度會造成資源的浪費，增加生產成本，降低企業的市場競爭力，還可能延誤訂單，使得顧客滿意度下降，影響企業的未來發展。因此合理有效地安排機器調度對生產效率和生產控制極其重要。而事實上，由於人操作的熟練程度、機器故障、環境參數等各種隨機因素的影響，加工時間只能得到一個大概數據或者可變範圍，很難得到精確的加工時間。因此，模糊數處理的加工時間更加符合生產實際，更能保證調度的可行性。

4.1 問題介紹

異序作業車間調度問題是多臺機器調度問題。異序作業車間調度問題是指兩個及兩個以上工件以各自特定的機器次序在兩臺及兩臺以上機器上加工的排序問題。與流水線加工問題不同的是，在異序作業車間調度問題中機器與機器之間沒有共同的加工模式。例如，在流水作業車間調度問題中，所有的工件都必須經過修剪、衝壓、加工、碾磨以及拋光等工序。然而在異序作業車間調度問題中，工件不一定要求在每臺機器

上加工。每個工件以各自特定的機器次序加工，工序的數目可以不相同。例如，某車橋公司在某一個計劃期內需要用5臺機器來加工4個零部件。每個零部件的加工工序如表4-1所示，每個零部件的名稱以及機器的名稱與編號如表4-2所示。

表4-1　　　　　　　　　　工藝加工順序

加工工件	工藝順序
主減速器殼總成	鑽中心孔→磁力探傷→磨端面→花鍵外圓→割卡簧槽
半軸	磨止口→精車凸緣內端面→鑽孔→精車外端面→關鍵部位探傷
後橋軸承座	磁力探傷→鑽孔→車端面→車內槽→精磨內槽
主齒輪凸緣	車弧面→車端面→探傷→磨弧面→鑽孔

表4-2　　　　　　　　　工件與機床名稱和編號

編號	1	2	3	4	5
機床	臥式車床	探傷機	磨床	搖臂鑽床	數控車床
工件	主減速器殼總成	半軸	後橋軸承座	主齒輪凸緣	—

一方面，不同客戶對產品的需求呈現出個性化和多樣化的趨勢，客戶對產品的不同需求致使產品更新速度加快，結構趨於複雜。因此，在新產品的生產調度時，無法精確把握加工時間，只能通過類似的加工經驗以及實際的加工狀況，將產品的加工估計為在一定區間變化的模糊變量。記J_1為主減速器殼總成，J_2為半軸，J_3為後橋軸承座，J_4為主齒輪凸緣，則表4-4中第一行第一列表示的是零部件J_1，即主減速器殼總成的第一個工序鑽中心孔是在搖臂鑽床（J_4）上完成的，由於無法精確把握它的加工時間，因此用三角模糊數（4, 5, 6）來表示，其餘零部件的模糊加工時間如表4-4所示。另一方面，臥式機床、探傷機、磨床、搖臂機床以及數控機床這些作為車橋公司賴以正常營運的物質與技術基礎，

一旦因為得不到合理的維護造成機器失效或者發生故障，車橋公司的維護成本就會隨之增加。如果情況嚴重，就會造成生產的零部件不合格，影響訂單質量，使得車橋公司蒙受巨大的經濟損失。因此，對機器進行維護是十分必要的。表4-3及圖4-1給出了相應的維護時間窗，決策者只要求所有的維護活動在其活動時間窗內完成，因此視為彈性維護。本章針對異序作業車間調度問題進行研究，合理確定工件的加工順序以及安排維護時段是決策者的關注對象，同時決策者希望最大完工時間最小。

表4-3　　　　　　　　　　維護活動

機器	時間窗 MB_{kl}	時間窗 ME_{kl}	持續時間
M_1	0	7	4
M_2	1	10	1
M_3	5	15	2
M_4	10	18	6
M_5	12	21	5

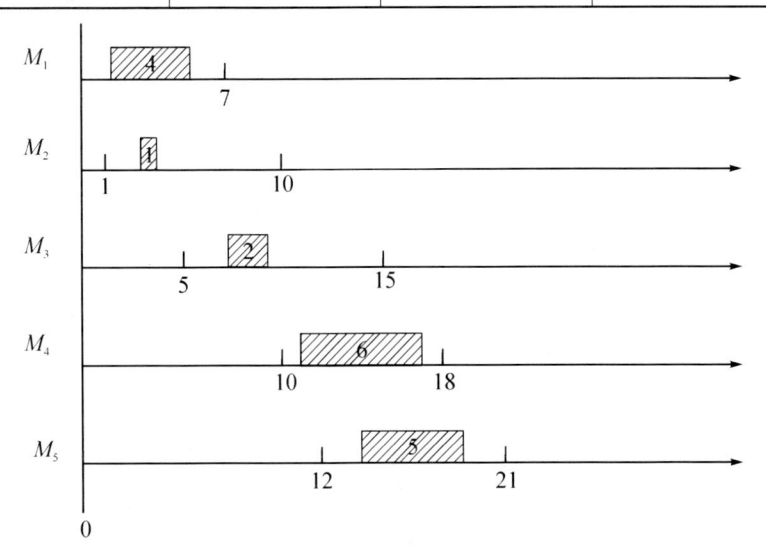

圖4-1　維護活動的時間窗

與經典的異序作業調度問題息息相關的有兩大難題。一是路徑問題，即如何把工序分配到各個機器上；二是排序問題，即如何確定工序的開始時間以及完成時間。在本書中，由於考慮到機器的維護活動，而如何安排維護活動又是異序作業調度問題面臨的新難題，這在一定程度上加大了原問題的難度系數。

表 4-4　　　　　　　　　模糊加工時間表

工件	機床編號和模糊加工時間				
J_1	4(4,5,6)	2(5,6,7)	3(2,2,3)	1(3,3,4)	5(3,5,8)
J_2	3(9,12,15)	1(5,6,7)	4(8,9,10)	5(2,3,4)	2(3,6,7)
J_3	2(4,5,7)	4(2,5,6)	1(3,4,8)	5(5,5,8)	3(4,7,8)
J_4	5(1,5,7)	1(4,5,6)	2(2,9,10)	3(11,15,18)	4(8,9,10)

4.2　模型架構

在模糊環境下考慮維護時間的異序作業調度問題中，假設有一個機器集合 $M = \{M_1, M_2, \cdots, M_m\}$，以及工件集合 $J = \{J_1, J_2, \cdots, J_n\}$。每個工件 J_i 都有一個工序序列 $\{O_{i1}, O_{i2}, \cdots, O_{in_i}\}$，其中 n_i 表示的是工件 J_i 的工序數。每一個工序 O_{ij} 在機器 M_k 上的加工時間為 p_{ijk}。本章研究的問題是模糊環境下的異序作業車間調度，工件的加工時間是模糊數，因此加工時間記為 $\tilde{p}_{ijk} = (p_{ijk}^1, p_{ijk}^2, p_{ijk}^3)$。

為了建立模糊環境下考慮維護時間的異序作業調度模型，提出了以下假設條件：

（1）同一時刻，一個工件只能在一臺機器上加工；

（2）同一時刻，一臺機器只能加工一個工件；

（3）任何一個工件都沒有搶先加工的特權；

(4) 工件的工序一旦開始加工就不能被中斷。為了方便模型的建立，首先給出模型中所需要的記號如下：

指標

i：工件下標，$i = 1, 2, \cdots, n$

j：工序下標

k：機器下標，$k = 1, 2, \cdots, m$

l：維護活動下標

確定參數

n：工件總數

m：機器總數

O_{ij}：工件 J_i 的第 j 個工序

M_{ij}：可以加工工序 O_{ij} 的機器（$M_{ij} \subseteq M$）

PM_{kl}：機器 M_k 上的第 l 個維護活動

ME_{kl}：第 l 臺機器上第 k 個維護活動的最早開始時間

ML_{kl}：第 l 臺機器上第 k 個維護活動的最晚開始時間

$\tilde{p}_{ijk}$：工序 O_{ij} 在機器 M_k 上的模糊加工時長

t_{ki}：機器 M_k 上第 i 個維護活動的開始時間

w_i：工件 J_i 的權重

a_k^i：機器 M_k 上第 k 個維護活動的工作時長

CM_k^i：機器 M_k 上第 k 個維護活動的完成時間

$\tilde{C}_j$：工件 J_i 的模糊完工時間

$T(t)$：時效水平

決策變量

x_{ijk}：工件序列決策變量

y_{ik}：維護活動序列的決策變量

s_{ij}：工序 O_{ij} 的開始時間

C_{ij}：工序 O_{ij} 的完工時間

z_{kl}：維護活動 PM_{kl} 的完成時間

其中

$$x_{ijk} = \begin{cases} 1, & \text{如果工序 } O_{ij} \text{ 在機器 } M_k \text{ 上加工} \\ 0, & \text{其他} \end{cases} \tag{4.1}$$

下面依次分析模糊加工時間維護時間可調的異序作業車間調度問題的約束條件以及目標函數，其整合後便得到模糊隨機環境下帶有維護活動的作業車間調度排序問題的數學模型。

工件的工序有著一定的先後順序，這一點是不容許改變的。假定工件 J_i 的某兩個工序依次為 O_{ij} 和 O_{ik}，則 O_{ik} 的開始時間不得早於 O_{ij} 的結束時間。

$$s_{ij} + \sum_{k \in M_{ij}} (\tilde{p}_{ijk} \cdot x_{ijk}) \leq s_{i(j+1)}, \ j = 1, 2, \ldots, n_i - 1; \ i = 1, 2, \ldots, n \tag{4.2}$$

每個工序 O_{ij} 只能在某一臺機器上加工，即

$$\sum_{k \in M_{ij}} x_{ijk} = 1, \ i = 1, 2, \ldots, n_i - 1; \ j = 1, 2, \ldots, n; \ k = 1, 2, \ldots, m \tag{4.3}$$

維護活動與工件加工不能重疊，也就是工件在加工時不能進行維護活動，即

$$[(z_{kl} - d_{kl} - \tilde{C}_{ij}) \cdot x_{ijk} \geq 0] \lor [(\tilde{C}_{ij} - z_{kl} - \tilde{p}_{ijk}) \cdot x_{ijk} \geq 0], \ \forall (i, j)(k, l) \tag{4.4}$$

每個維護活動必須在相應的時間窗裡進行，即

$$MB_{kl} + d_{kl} \leq z_{kl} \leq ME_{kl} \tag{4.5}$$

如果工件 i 先後在機器 h 和機器 k 上加工，則有 $a_{ihk} = 1$。因此，機器 k 開始加工工件 i 的時間與機器 h 開始加工工件 i 的時間之間的差值必須大於工件 i 在機器 k 上的加工時長，即

$$\tilde{C}_{ik} - T_{ik} + M_0(1 - a_{ihk}) > \tilde{C}_{ih}, \quad 1 \leq i, j \leq n, \quad 1 \leq k \leq m \quad (4.6)$$

在機器 M_k 上，如果工件 J_i 在工件 J_j 之前加工，i.e. $x_{ijk} = 1$，則工件 J_i 的開始時間與工件 J_j 的開始時間之間的差值必須大於工件 J_j 在機器 M_k 上的加工時長，即

$$\tilde{C}_{jk} - T_{jk} + M_0(1 - x_{ijk}) > \tilde{C}_{ik}, \quad 1 \leq i, j \leq n, \quad 1 \leq k \leq m \quad (4.7)$$

工件 J_i 的完工時間指的是工件所有的工序都被完成的時間，即

$$\tilde{C}_i = \max_k \tilde{C}_{ik}, \quad 1 \leq k \leq m; \quad \tilde{C}_{ik} \geq 0 \quad 1 \leq i \leq n, \quad 1 \leq k \leq m \quad (4.8)$$

對於決策者而言，如何優化時間表長是影響生產流程的重要因素，在本章中，最小化時間表長作為決策者的最終目標。綜合以上分析，在滿足生產計劃與維護計劃基本要求的約束下，模糊加工時間彈性維護的異序作業調度問題可建立以下決策模型：

$$\min \tilde{C}_{\max}$$

$$\text{s. t.} \begin{cases} [(z_{kl} - d_{kl} - \tilde{C}_{ij}) \cdot x_{ijk} \geq 0] \lor [(\tilde{C}_{ij} - z_{kl} - \tilde{p}_{ijk}) \cdot x_{ijk} \geq 0] \\ s_{ij} + \sum_{k \in M_{ij}} (\tilde{p}_{ijk} \cdot x_{ijk}) \leq s_{i(j+1)} \\ \sum_{k \in M_{ij}} x_{ijk} = 1 \\ MB_{kl} + d_{kl} \leq z_{kl} \leq ME_{kl} \\ \tilde{C}_{ik} - T_{ik} + M_0(1 - a_{ihk}) > \tilde{C}_{ih} \\ \tilde{C}_{jk} - T_{jk} + M_0(1 - x_{ijk}) > \tilde{C}_{ik} \\ \tilde{C}_{ik} \geq 0 \\ p_{ijk} \geq 0 \end{cases}$$

$$(4.9)$$

4.3 CRO-SA 算法

Lam 和 Li 在 2010 年提出的化學反應算法是一種簡單模擬分子在化學反應系統中狀態變化的群優化智能算法[①]。每一個分子代表研究問題的一個可行方案。一個分子主要由多個原子組成。每個分子的原子類型、鍵長、角度以及扭轉方式各不相同。原子類型、鍵長、角度以及扭轉方式的任何改變都會使得分子結構發生變化,因此,分子結構的變化對應著一個可行解切換到另一個可行解。這一章將給出一種改進化學反應算法,包括解碼、編碼、交叉操作、改進的化學反應操作以及總的算法流程。

4.3.1 基本操作

1. 編碼

目前,有關加工時間模糊的異序作業調度問題解的表示方法主要有基於工件工序編碼以及隨機鍵編碼兩種[②③]。這裡採用基於工件工序的編碼方式。每個解由一串長為 $n×m$ 整型數組表示,其中 n 表示的是工件的個數,m 則表示機器的臺數。在解碼中,每個工件的標號只出現 m 次。每個工件標號的出現代表這個工件的工序將要被執行。例如,某製造企業中的設備與需要加工的零部件如表 4-1、4-2 以及 4-3 所示。

[①] Lam A Y, Li V O. Chemical-reaction-inspired metaheuristic for optimization [J]. IEEE Transactions on Evolutionary Computation, 2010, 14 (3): 381-399.

[②] Li J, Pan W, Liang Y. An effective hybrid tabu search algorithm for multi- objective flexible job-shop scheduling problems [J]. Computers & Industrial Engineering, 2010, 59 (4): 647-662.

[③] Deb K, Agrawal S, Pratap A, et al. A fast elitist non-dominated sorting genetic algorithm for multi-objective optimization: Nsga-ii [J]. Lecture Notes in Computer Science, 2000, 1917: 849-858.

4　模糊加工時間彈性維護活動的異序作業調度問題 | 107

　　給定一個解，對應的整型數組為 {2, 4, 3, 1, 2, 4, 2, 1, 3, 1, 3, 4, 3, 2, 4, 1, 2, 1, 4, 3}。第一個元素對應工件 J_2 的第一個工序，即 O_{21}，第二個元素對應工序 O_{41}，依此類推，最後一個元素對應工序 $O44$，即 $O_{21}>O_{41}>O_{31}>O_{11}>O_{22}>O_{42}>O_{23}>O_{12}>O_{32}>O_{13}>O_{33}>O_{43}>O_{34}>O_{24}>O_{44}>O_{14}>O_{25}>O_{15}>O_{45}>O_{35}$。將工件的工序與表 4-4 中的機器對應後的甘特如圖 4-2 所示。

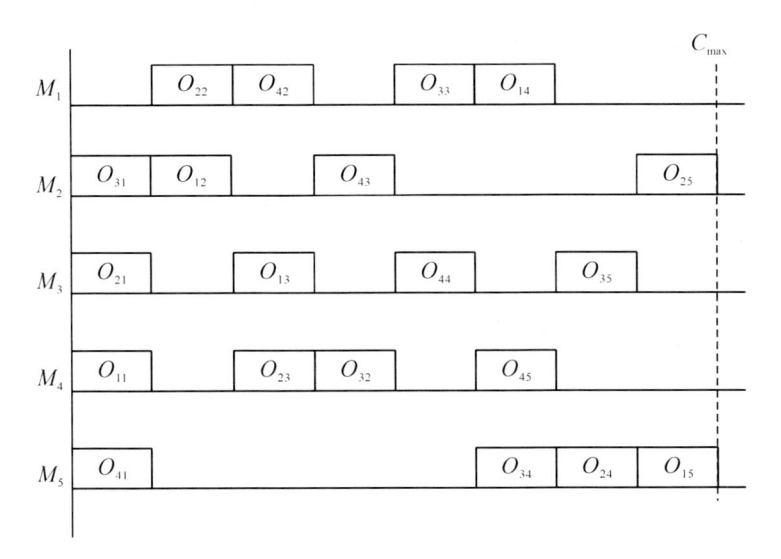

```
         O_22  O_42        O_33  O_14                        C_max
M_1  ┤   ▓▓▓  ▓▓▓          ▓▓▓  ▓▓▓                          │

M_2  ┤ O_31 O_12    O_43                          O_25       │
     ▓▓▓ ▓▓▓     ▓▓▓▓▓                           ▓▓▓

M_3  ┤ O_21       O_13      O_44       O_35                  │
     ▓▓▓       ▓▓▓▓       ▓▓▓▓       ▓▓▓

M_4  ┤ O_11      O_23  O_32      O_45                        │
     ▓▓▓       ▓▓▓▓  ▓▓▓      ▓▓▓▓

M_5  ┤ O_41                        O_34  O_24  O_15          │
     ▓▓▓                          ▓▓▓  ▓▓▓  ▓▓▓
```

圖 4-2　甘特圖

2. 維護計劃約束解碼

　　由於工件的加工過程可以被維護活動打斷，並且在機器恢復運行後，工件可以在已經被加工的基礎上繼續進行沒有完成的加工部分，因此，工件的工序可能被維護活動分割成兩部分，即維護活動前已完成部分和未完成部分。又因為工件的加工時間為三角模糊數，因此分割的情況更加複雜，如圖 4-3 所示。假設機器 M_k 上的第 l 個維護時間窗為 $[MB_{kl}, ME_{kl}]$，為方便起見，令 $MB_{kl}=z_{kl}-d_{kl}$，$ME_{kl}=z_{kl}$。假設工序 O_{ij} 的開始時間為 $(b_{ij}^1, b_{ij}^2, b_{ij}^3)$，結束時間為 $(e_{ij}^1, e_{ij}^2, e_{ij}^3)$。如果 $e_{ij}^3 >$

MB_{kl} 以及 $b_{ij}^1 < ME_{kl}$ 成立，則工序 O_{ij} 將會被維護活動分割。

(1) 對於情形（a）和（b）有 $(b_{ij}^1 < ME_{kl}) \wedge (e_{ij}^3 > MB_{kl})$。

(2) 對於情形（c）和（d）有 $MB_{kl} < e_{ij}^3 < ME_{kl}$。

(3) 對於情形（b）和（e）有 $MB_{kl} < e_{ij}^1 < ME_{kl}$。

(4) 對於情形（f）有 $(e_{ij}^1 < MB_{kl}) \wedge (e_{ij}^3 > ME_{kl})$。

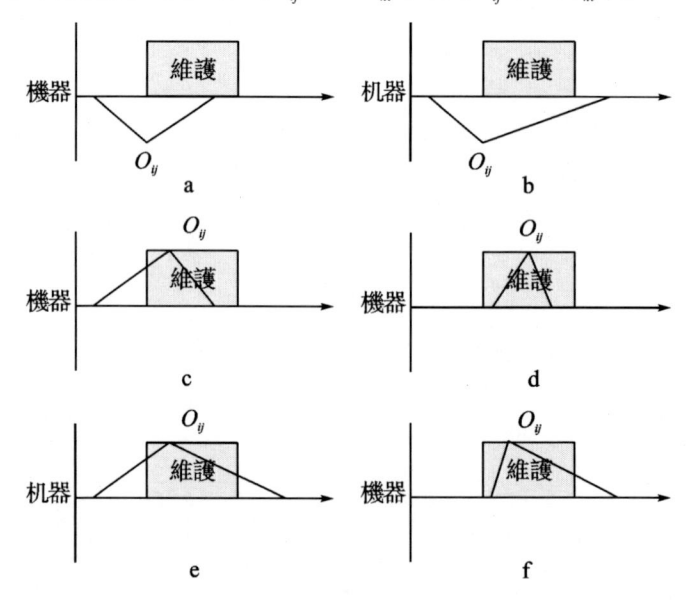

圖 4-3　維護活動的分割情況

因此，根據分割的情況有如下討論：

(1) 工序 O_{ij} 已經開始被加工，此時機器的維護條件同時也滿足。令此時工序 O_{ij} 中斷前完成部分的開始時間為 (b_{11}, b_{12}, b_{13})，則有 $b_{11} = \min(b_{ij}^1, MB_{kl})$，$b_{12} = \min b_{ij}^2, MB_{kl})$，$b_{13} = \min(b_{ij}^3, MB_{kl})$。工序 O_{ij} 中斷前完成部分的開始時間為 (e_{11}, e_{12}, e_{13})，則有 $e_{11} = \min(e_{ij}^1, ME_{kl})$，$e_{12} = \min(e_{ij}^2, ME_{kl})$，$e_{13} = \min(e_{ij}^3, ME_{kl})$。假設工序 O_{ij} 中斷前已經完成部分的時間長度為 (c_{11}, c_{12}, c_{13})，則有 $c_{11} = e_{11} - s_{11}$，$c_{12} = e_{12} - s_{12}$，$c_{13} = e_{13} - s_{13}$。工序 O_{ij} 中斷後未完成部分的時間長度為 $(r_{11}, r_{12},$

r_{13}），則有 $r_{11}=p_{ij}^1-c_{11}$，$r_{12}=p_{ij}^2-c_{12}$，$r_{13}=p_{ij}^3-c_{13}$。

（2）對於維護活動而言，則其開始時間為（MB_{kl}，MB_{kl}，MB_{kl}），結束時間為（$MB_{kl}+d_{kl}$，$MB_{kl}+d_{kl}$，$MB_{kl}+d_{kl}$）。

（3）工序 O_{ij} 在維護活動結束後繼續為完成部分的加工。此部分的開始時間為（max（e_{ij}^1，MB_{kl}），max（e_{ij}^2，MB_{kl}），max（e_{ij}^3，MB_{kl}））。結束時間為（max（e_{ij}^1，MB_{kl}）+r_{11}，max（e_{ij}^2，MB_{kl}）+r_{12}，max（e_{ij}^3，MB_{kl}）+r_{13}）。

如果工序 O_{ij} 恰好在維護活動結束後開始加工，則此維護活動的開始時間為（MB_{kl}，MB_{kl}，MB_{kl}），結束時間為（$MB_{kl}+d_{kl}$，$MB_{kl}+d_{kl}$，$MB_{kl}+d_{kl}$）。工序的開始時間為（max（b_{ij}^1，MB_{kl}），max（b_{ij}^2，MB_{kl}），max（b_{ij}^3，MB_{kl}））。結束時間為（max（b_{ij}^1，MB_{kl}）+p_{ij}^1，max（b_{ij}^2，MB_{kl}）+p_{ij}^2，max（b_{ij}^3，MB_{kl}）+p_{ij}^3）。

3. 交叉算子

與其他智能算法（遺傳算法、粒子群算法等）一樣，化學反應算法類似地通過吸收兩個或者以上的可行解信息來產生新的可行解。在一般化學反應算法中，當前種群中的每個粒子對應一個可行解。每個粒子通過學習局部最優粒子與全局最優粒子的信息後向最優空間靠近。因此，在改進化學反應算法中引進一個新穎的交叉函數 A-LOX（Non-ABEL and Linear Order Crossover），即結合了兩個最常用的交叉方法-線性次序交叉 LOX 和 Non-ABEL 交叉[1]。分子的活動包含碰撞與合成，但是這兩個過程都涉及多個分子，通過碰撞與合成產生新的分子。

假設兩個父代可行解分別為 $parent_1$ 和 $parent_2$，新產生的子代可行解分別為 $offspring_1$ 和 $offspring_2$。$parent_1$ 和 $parent_2$ 的局部最優分別為 b_1 和 b_2，全局最優為 g_s。每個子代可行解將會被分解成單個部分，第一部分

---

[1] Wang L. Shop scheduling with genetic algorithms [J]. Tsinghua University & Springer Press, Beijing, 2003.

將從局部最優得到相關信息，並且概率為 q_1，第二部分直接從父代可行解中複製，第三部分將從全局最優得到相關信息，並且概率為 q_2。A-LOX 規則的具體步驟有：輸入兩個分子 $parent_1$ 和 $parent_2$，兩個交叉概率 q_1 和 q_2；輸出兩個新的分子 $offspring_1$ 和 $offspring_2$。

Step1：隨機產生兩個數 h_1 和 h_2，其中 h_1 和 h_2 在區間 $[0,1]$ 內。如果 $h_1 \leq q_1$，則 $pa_{11}=b_1$。如果 $h_2 \leq q_2$，則 $pa_{12}=g_s$，否則 $pa_{12}=p_1$。如果 $h_1 \leq q_1$，則 $pa_{21}=b_2$。如果 $h_2 \leq q_2$，則 $pa_{22}=g_s$，否則 $pa_{22}=p_2$。

Step2：隨機產生兩個位置 r_1 和 r_2，並且 $r_1 < r_2$。

Step3：將父代可行解 $parent_1$ 和 $parent_2$ 中處在 $[r_1, r_2]$ 中的元素複製到與之對應的子代可行解 $offspring_1$ 和 $offspring_2$。

Step4：從 pa_{11} 中刪除 $offspring_1$ 中已經出現的元素。從 pa_{21} 中刪除 $offspring_2$ 中已經出現的元素。

Step5：令 $i=1$。執行 Step6 到 Step12 直到 pa_{12} 中沒有元素。

Step6：如果 $i<r_1$，則令 $r=parent1[i] \bmod len(pa_{11})$，其中 $len(pa_{11})$ 是 pa_{11} 的長度。令 $t[i]=pa_{11}[r]$。否則，轉至 Step8。

Step7：從 pa_{11} 中刪除 r 位置上的元素，令 $i=i+1$，返回至 Step6。

Step8：將 t 中的每個元素都插入到 $offspring_1$ 中的空位置，然後刪掉 t 中的所有元素。

Step9：令 $i=r_2+1$。從 pa_{12} 中刪除 $offspring_1$ 中已經出現的元素。

Step10：令 $r=parent_1[i] \bmod len(pa_{12})$，$t[i]=pa_{12}[r]$。

Step11：從 pa_{12} 中刪除 r 中已經出現的元素，令 $i=i+1$，返回至 Step10。

Step12：將 t 中的每個元素都插入到 $offspring_1$ 中的空位置，然後刪掉 t 中的所有元素。

Step13：將 pa_{11} 和 pa_{12} 分別替換為 pa_{21} 和 pa_{22}。經過 Step5-12 產生 $offspring_2$。

以編碼設計部分給出的 4 工件-5 臺機器為例，假設兩個父代可行

解分別設為 $parent_1$ = [2, 4, 3, 1, 2, 4, 2, 1, 3, 1, 3, 4, 3, 2, 4, 1, 2, 1, 4, 3] 和 $parent_2$ = [2, 4, 2, 4, 3, 1, 2, 1, 3, 1, 1, 2, 3, 4, 3, 2, 4, 1, 4, 3]，兩個隨機產生的位置分別為 r_1 = 6 和 r_2 = 13；最優解的交叉概率分別為 q_1 = 0.2 和 q_2 = 0.8；隨機產生的數分別為 h_1 = 0.1 和 h_2 = 0.5，則 $parent_1$ 的局部最優 b_1 為 [2, 4, 2, 2, 4, 3, 1, 1, 3, 1, 3, 2, 4, 3, 4, 1, 1, 4, 3, 2]，全局最優 g_s 為 [2, 1, 3, 1, 4, 3, 2, 4, 1, 2, 3, 2, 4, 1, 2, 1, 4, 3, 4, 3]，如圖 4-4 所示。

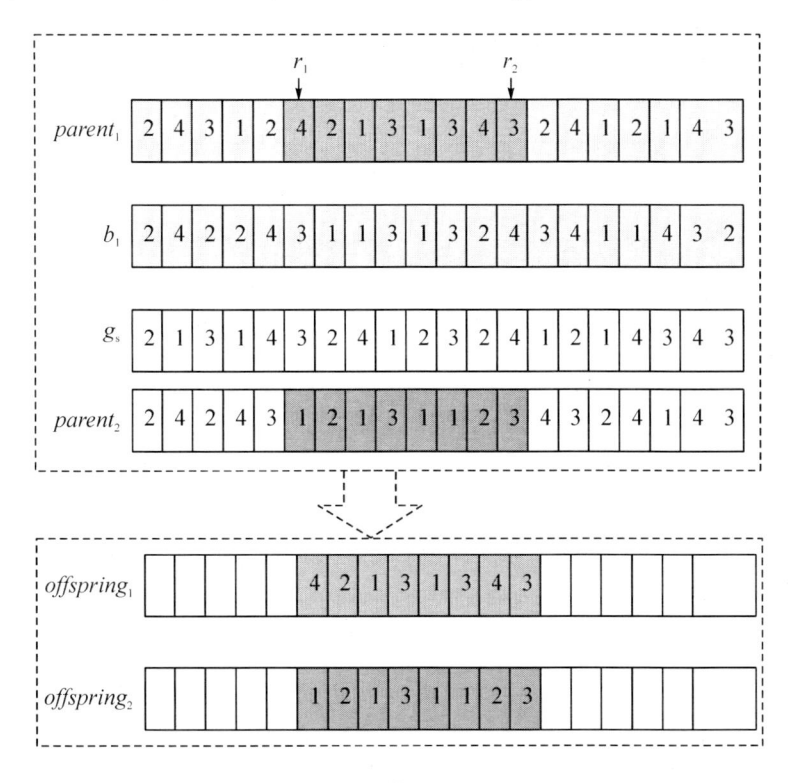

图 4-4 化學反應算法 ALOX 例析（1）

由於 $h_1 \leqslant q_1$，則 $pa_{11} = b_1$。$h_2 \leqslant q_2$，則 $pa_{12} = g_s$。通過複製刪除則有圖 4-5。

當 i = 1 時，$parent_1$ [1] = 2，len (pa_{11}) = 12，r = 2，t [1] = pa_{11} [2] = 2；

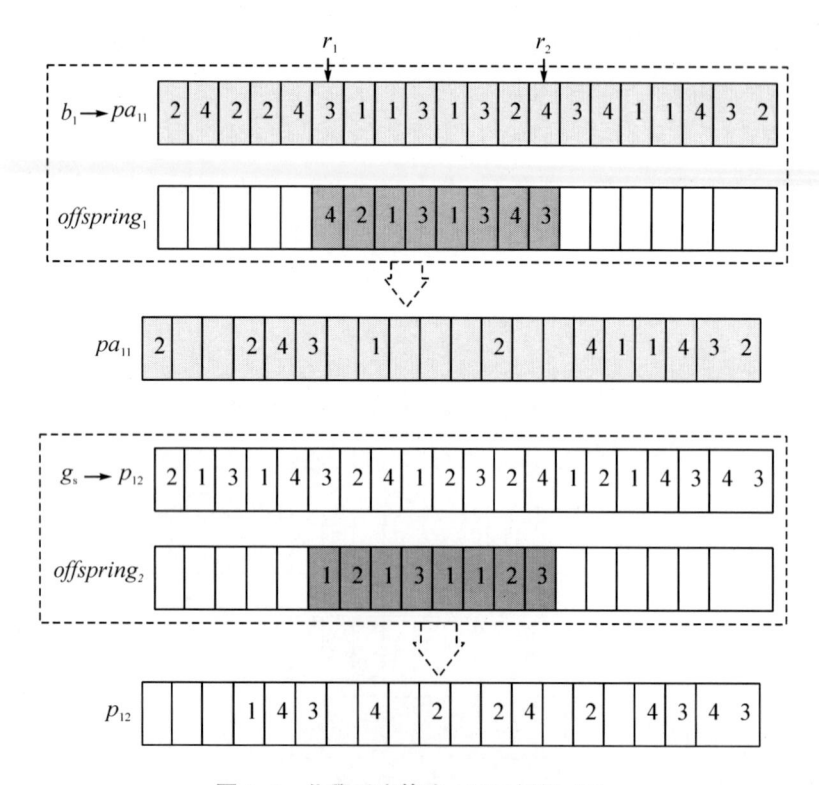

圖 4-5　化學反應算法 ALOX 例析（2）

當 $i=2$ 時，$pa_{11} = [2,4,3,1,2,4,1,1,4,3,2]$，$parent_1[2] = 4$，len $(pa_{11}) = 11$，$r=4$，$t[2] = pa_{11}[4] = 1$；

當 $i=3$ 時，$pa_{11} = [2,4,3,2,4,1,1,4,3,2]$，$parent_1[3] = 3$，len $(pa_{11}) = 10$，$r=3$，$t[3] = pa_{11}[3] = 3$；

當 $i=4$ 時，$pa_{11} = [2,4,2,4,1,1,4,3,2]$，$parent_1[4] = 1$，len $(pa_{11}) = 9$，$r=1$，$t[4] = pa_{11}[1] = 2$；

當 $i=5$ 時，$pa_{11} = [4,2,4,1,1,4,3,2]$，$parent_1[4] = 2$，len $(pa_{11}) = 8$，$r=2$，$t[5] = pa_{11}[2] = 2$；

當 $i=6$ 時，$pa_{11} = [4,4,1,1,4,3,2]$，$parent_1[4] = 4$，len $(pa_{11}) = 7$，$r=4$，$t[6] = pa_{11}[4] = 1$；

當 $i=14$ 時，$pa_{12} = [4,1,2,1,4,4,3]$，$parent_1[14] = 2$，len

$(pa_{12}) = 7$, $r=2$, $t[14] = pa_{12}[2] = 1$；

當 $i=15$ 時，$pa_{12} = [4,2,1,4,4,3]$，$parent_1[15] = 4$, len $(pa_{12}) = 6$, $r=4$, $t[15] = pa_{12}[4] = 4$；

當 $i=16$ 時，$pa_{12} = [4,2,1,4,3]$，$parent_1[16] = 1$, len $(pa_{12}) = 5$, $r=1$, $t[16] = pa_{12}[1] = 4$；

當 $i=17$ 時，$pa_{12} = [2,1,4,3]$，$parent_1[17] = 2$, len $(pa_{12}) = 4$, $r=2$, $t[17] = pa_{12}[2] = 1$；

當 $i=18$ 時，$pa_{12} = [2,4,3]$，$parent_1[18] = 1$, len $(pa_{12}) = 3$, $r=1$, $t[18] = pa_{12}[1] = 2$；

當 $i=19$ 時，$pa_{12} = [4,3]$，$parent_1[19] = 4$, len $(pa_{12}) = 2$, $r=0$, $t[19] = pa_{12}[0] = 4$；

當 $i=20$ 時，$pa_{12} = [3]$，$parent_1[20] = 3$, len $(pa_{12}) = 1$, $r=0$, $t[20] = pa_{12}[0] = 3$；

因此子代 1 為 $offspring_1 = [2,1,3,2,2,4,2,1,3,1,3,4,3,1,4,4,1,2,4,3]$。

4. 基元反應

在化學反應算法中，每一次迭代中都有四種分子間的基元反應。它們主要用來操作解決方案（即探索解空間）和重新分配能量的分子和緩衝。這四個基元反應為：單個分子無效碰撞、分解、分子間無效碰撞和合成。單個分子或者分子間的碰撞對應的是解的開發，等同於遺傳算法中變異操作，分解與合成則對應的是完成解的探索。

(1) 單分子無效碰撞。單個分子在獨立的空間內與牆壁進行碰撞，在這個碰撞的過程中，只有分子結構發生了微小的變化，記為 w'，即 $w \rightarrow w'$。為了提高算法的開發能力，可以使用某些鄰域算法。假設 w 是任意給定的分子，隨機生成兩個位置 $l1$ 和 $l2$（$1 \leq l1 < l2 \leq n \times m$），則領域算法如下：

①反轉方法。將 $l1$ 和 $l2$ 中每個元素進行反轉。

②置換方法。將 $l1$ 和 $l2$ 中每個元素進行置換。

③插入方法。將 $l2$ 中的元素插入到 $l1$ 之前。

(2) 分解。單個分子在與獨立空間內牆壁碰撞後分解成幾個部分（為簡單起見，設為兩個部分），即 $w \rightarrow w_1' + w_2'$。只有當 $PE_w + KE_w \geqslant PE{w_1}' + PE{w_2}'$ 時，分子的分解才是有效的反應。為了提高單個分子分解後的質量，可以採取以下方法：從全局最優分子或者隨機產生分子中隨機選取一個，記為 w_r；對分子 w 和 w_r 進行交叉操作，產生兩個新的分子 w_1 和 w_2；然後判斷是否成立分解反應條件，如果條件成立，則接受 w_1 和 w_2，同時修改這兩個分子的動能。

(3) 分子間無效碰撞。多個分子相互碰撞後相互作用，反應分子數不改變。即 $w_1 + w_2 \rightarrow w_1' + w_2'$，$w_1' = N(w_1)$，$w_2' = N(w_2)$。在此，先對 w_1 和 w_2 進行交叉操作，產生兩個新的分子 w_1' 和 w_2'，然後判斷其是否滿足分子間的碰撞條件，若成立，則接受 w_1' 和 w_2'，同時修改這兩個分子的動能。

(4) 合成。與分解對應，指多個分子相互碰撞，最後融合在一起的過程，即 $w_1 + w_2 \rightarrow w'$。在此，先對 w_1 和 w_2 進行交叉操作，產生兩個新的分子 w_1' 和 w_2'，然後判斷其是否滿足合成條件，若成立，則接受 w_1' 和 w_2'，同時修改這兩個分子的動能。

5. 局部搜索

單純地依賴某一種算法，容易陷入局部最優。為了提高分子的質量，這裡採用模擬退火算法（Simulated Annealing, SA）。1953 年，Metropolis 等最早提出模擬退火算法的思想①，1983 年，Kirkpatrick 等將模擬退火算法的思想應用到組合優化②。算法的目的主要是解決 NP 複

---

① Metropolis N, Rosenbluth A W, Rosenbluth M N, et al. Equation of state calculations by fast computing machines [J]. The Journal of Chemical Physics, 1953, 21 (6): 1087-1092.

② Kirkpatrick S, Vecchi M, et al. Optimization by simmulated annealing [J]. Science, 1983, 220 (4598): 671-680.

雜性問題、克服優化過程陷入局部極小以及克服初值依賴性。

Step 1：令當前可行解為 S_c，令 $x_{best} = S_c$，並計算目標函數值。

Step 2：設置初始溫度 $T(0) = T_0$，迭代次數 $m = 1$。

Step 3：判斷算法終止條件是否滿足，若是，則結束算法；否則，繼續執行 Step 3。

Step 3.1：若 $T(m) = T_{min}$，對當前最優解 S_c，隨機選擇置換鄰域、插入鄰域和反轉鄰域中任意一種鄰域結構，從而產生一個新的鄰域解 x_{new}。

Step 3.2：計算新的目標函數值，並計算目標函數值的增量 Δf。如果增量為負，則有 $x_{best} = x_{new}$；如果增量為正，則有 $p = exp(-\Delta f/T(i))$；如果 $c = random[0, 1] < p$，則 $x_{best} = x_{new}$，否則 $x_{best} = x_{best}$。

Step 3.3：$m = m + 1$。

Step 4：如果 m 比 I_{iter} 大，則返回 Step 2；否則，返回 Step 4。

4.3.2 框架流程

本章給出的混合化學反應-模擬退火算法的基本流程如下所述：

Step 1：初始階段。

Step 1.1：設置分子種群數量（$CRO_{popsize}$）。

Step 1.2：初始化分子種群，令中心能量 buffer = 0。

Step 2：計算種群中每個分子的勢能值。

Step 3：執行第一個循環體。

Step 3.1：判斷終止條件是否滿足。若滿足，則輸出最優解，否則，繼續執行 Step 3.2 至 3.6。

Step 3.2：在 [0, 1] 區間上隨機產生 r，如果 $r > MoleColl$，則繼續執行 Step 3.3，否則，執行 Step 3.4。

Step 3.3：在種群中任意選擇一個分子 w，執行壁面碰撞。

Step 3.4：在種群中隨機選擇兩個分子，執行分子間碰撞。

Step 3.5：評價新產生的分子，並記下每個分子的局部最優以及當前種群的全局最優，在全局最優分子上執行模擬退火局部搜索函數。

Step 3.6：評價新產生的分子，如果在 τ_{max}^C 代中最優解得到更新，則轉回 Step 3.1，否則，繼續執行 Step 4。

Step 4：執行第二個循環體。

Step 4.1：判斷終止條件是否滿足。若滿足，則輸出最優解，否則，繼續執行 Step 4.2 至 4.6。

Step 4.2：在 [0，1] 區間上隨機產生 r，如果 r>MoleColl，則繼續執行 Step 4.3，否則，執行 Step 4.4。

Step 4.3：在種群中任意選擇一個分子 w，執行壁面碰撞。

Step 4.4：在種群中隨機選擇兩個分子，執行分子間碰撞。

Step 4.5：評價新產生的分子，並記下每個分子的局部最優以及當前種群的全局最優，在全局最優分子上執行模擬退火局部搜索函數。

Step 4.6：評價新產生的分子，如果在 τ_{max}^C 代中最優解得到更新，則轉回 Step 4.1，否則，繼續執行 Step 3。

4.4 算例解析

為了實現算法並驗證算法的有效性和模型的可靠性，在本章中給出了算例並對算例進行了詳細的分析。實例數據來源於上海某大型車橋廠。車間內共有 10 臺機床，包括臥式機床、探傷機、磨床、搖臂車床、數控車窗等，需要加工的工件有主減速器殼總成、半軸、後橋軸承座、主齒輪凸緣等。這些工件在機床上的加工時間和順序都不一樣。例如，半軸要首先經過磨床磨止口，接著在數控車床上精車凸緣內端面，其次經過鑽床鑽孔，及臥式車床上精車外端面，最後在探傷機上完成關鍵部位探傷等工序，如圖 4-6 所示。各個工件在機床上的加工時間和加工工序見表 4-5。本章給出

四種情況的維護時間窗，各個機床的維護時間窗如表 4-6 所示。

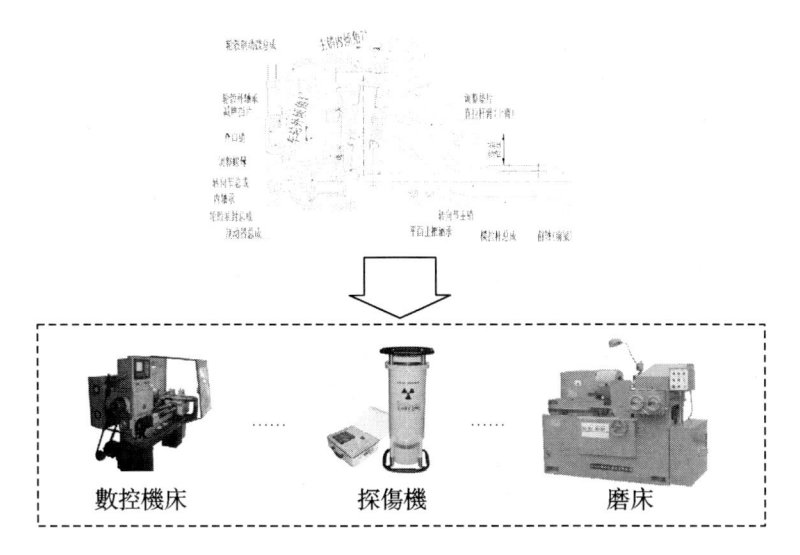

圖 4-6　車橋廠工件及設備

表4-5 車橋廠工件的模糊加工時間

	M_1	M_2	M_3	M_4	M_5	M_6	M_7	M_8	M_9	M_{10}
J_1	4(10,13,16)	6(4,7,9)	7(10,12,13)	8(5,6,7)	9(6,8,9)	2(7,8,12)	5(10,12,15)	3(5,6,7)	1(2,3,5)	10(10,14,18)
J_2	2(3,5,6)	1(9,10,13)	3(5,8,9)	10(9,12,16)	6(5,6,9)	7(7,11,12)	5(9,13,14)	9(8,12,16)	8(2,4,6)	4(4,7,10)
J_3	7(9,12,14)	10(10,13,14)	9(5,7,8)	4(3,4,6)	5(4,7,8)	2(3,5,7)	8(3,4,6)	3(1,2,4)	1(5,7,9)	6(9,11,13)
J_4	5(10,12,16)	7(1,2,4)	10(6,8,10)	6(1,3,5)	4(7,8,11)	1(5,8,10)	8(9,10,14)	9(4,7,8)	2(4,7,10)	3(2,3,5)
J_5	5(9,12,15)	6(8,11,14)	10（10, 14, 17）	1(5,7,9)	2(2,4,5)	4(1,3,5)	7(7,8,10)	9(3,4,6)	8(9,11,13)	3(1,2,3)
J_6	8(4,7,9)	2(10,12,15)	3(3,4,5)	4(10,14,18)	1(5,6,9)	5(10,14,16)	9(10,12,15)	6(8,9,12)	10(5,8,9)	7(4,7,10)
J_7	5(8,12,13)	10(2,4,6)	8(10,14,18)	1(5,7,9)	6(4,5,8)	9(4,5,7)	7(7,10,11)	2(10,11,12)	3(10,13,15)	4(9,12,13)
J_8	2(10,12,15)	6(5,6,9)	3(1,2,4)	8(6,9,12)	4(4,6,9)	1(7,11,14)	9(7,11,13)	5(6,9,11)	10(8,11,13)	7(7,9,13)
J_9	9(2,4,6)	6(2,3,5)	2(2,3,4)	4(4,6,7)	10(6,8,9)	3(8,12,14)	1(4,7,9)	7(8,11,14)	8(1,2,3)	5(3,5,6)
J_{10}	7(5,8,9)	8(6,8,9)	3(8,12,16)	1(6,9,12)	9(7,11,13)	5(10,11,14)	4(7,10,11)	2(3,5,7)	10(3,4,6)	6(8,11,15)

表4-6 4種不同的維護活動的時間窗

Case	M_1	M_2	M_3	M_4	M_5	M_6	M_7	M_8	M_9	M_{10}
1	(20, 25)	(10, 15)	(23, 27)	(16, 21)	(0, 0)	(13, 17)	(34, 39)	(0, 0)	(28, 32)	(0, 0)
2	(44, 50)	(33, 41)	(75, 83)	(12, 19)	(63, 69)	(10, 18)	(31, 39)	(52, 59)	(23, 29)	(59, 69)
3	(42, 52)	(21, 34)	(70, 81)	(12, 20)	(63, 73)	(57, 69)	(31, 42)	(55, 64)	(85, 96)	(25, 33)
4	(39, 52)	(40, 49)	(23, 31)	(75, 82)	(63, 71)	(54, 65)	(31, 39)	(87, 95)	(19, 30)	(50, 60)

4.4.1 結果比較

為檢驗本書的改進化學反應算法，採用RKGA算法[1]、GPSO算法[2]和SMGA算法[3]作為參照算法。所有試驗採用 Microsoft Visual C++6.0 編程，算法運行於 PC (2.5 GHz CPU, 2 GB RAM)。化學反應的種群規模（$CRO_{popsize}$）= 30、50，基元反應中動能損失率（KELossRate）= 0.3、0.2，多分子間碰撞反應的概率為 0.5, 0.7，種群的初始勢能為 100,000，種群的初始中央能量緩衝器為 0，鄰域解集的大小設為 10, 15，計算的終止條件為迭代 1,000 次。經仿真實驗分析採用如下參數：化學反應的種群規模（$CRO_{popsize}$）= 50，基元反應中動能損失率（KELossRate）= 0.2，多分子間碰撞反應的概率為 0.5，種群的初始勢能為 100,000，種群的初始中央能量緩衝器為 0，鄰域解集的大小設為 15，計算的終止條件為迭代 1,000 次。在模擬退火搜索中，初始溫度為 0.5，變化概率為 0.9。對每一個算例，算法隨機執行 20 次。由於在實際生產過程中，維護活動很難按照給定的時間窗準時執行，一般只要在給定的維護時間窗內執行即可。因此，這裡需要對維護時間窗做一定的調整。

假設機器 M_k 上的維護時間窗記為 $[b_k, e_k]$。首先令 $pt = (e_i - b_i)$，$\gamma = pt/2 + w$。如果 $b - \gamma > 0$，則令 $b_i = b_i - \gamma$，否則，令 $b_i = 0$。令 $e_i = e_i + \gamma$，w 是區間 $[0, 5]$ 上的隨機數。

運行結果如表 4-7 所示。同時，表 4-7 中給出了與其他三種算法的比較情況。這個表包含 8 列，第一列為分類情形，第二列為算法名

---

[1] Sakawa M, Mori T. An efficient genetic algorithm for job-shop scheduling problems with fuzzy processing time and fuzzy duedate [J]. Computers & Indus trial Engineering, 1999, 36 (2): 325-341.

[2] Niu Q, Jiao B, Gu X. Particle swarm optimization combined with genetic operators for job shop scheduling problem with fuzzy processing time [J]. Applied Mathematics and Computation, 2008, 205 (1): 148-158.

[3] Zheng Y, Li Y. Artificial bee colony algorithm for fuzzy job shop scheduling [J]. International Journal of Computer Applications in Technology, 2012, 44 (2): 124-129.

表 4-7　實驗結果

Case	算法	avg	c_1	opt	c_1	wor	c_1
1	SMGA	(47.68,55.51,61.63)	55.08	(47.35,54.10,59.66)	53.80	(51.44,58.97,64.07)	58.37
	GPSO	(46.72,54.08,61.51)	54.10	(44.57,53.27,62.41)	53.38	(49.85,56.20,62.80)	56.26
	RKGA	(46.54,53.80,61.06)	53.80	(44.40,53.83,62.88)	53.73	(44.62,54.70,62.16)	54.04
	CROSA	(44.92,54.00,61.63)	53.64	(45.33,53.88,60.20)	53.32	(44.04,53.04,62.07)	53.05
2	SMGA	(128.24,149.94,169.67)	149.45	(123.23,146.35,166.27)	145.55	(135.53,155.79,177.67)	156.19
	GPSO	(126.82,146.08,165.42)	146.10	(127.13,146.95,163.24)	146.07	(127.91,147.18,166.20)	147.12
	RKGA	(126.41,146.70,167.06)	146.72	(126.32,145.39,166.11)	145.80	(125.45,148.74,165.79)	147.18
	CROSA	(123.64,145.72,166.27)	145.34	(124.22,145.55,166.06)	145.35	(123.73,146.30,166.13)	145.62
3	SMGA	(132.10,151.05,164.00)	149.55	(126.92,142.97,154.45)	141.83	(142.59,162.06,173.95)	160.17
	GPSO	(127.97,145.79,158.91)	144.62	(119.67,141.35,160.62)	140.75	(134.43,155.08,167.94)	153.14
	RKGA	(126.62,143.47,154.92)	142.12	(123.08,141.94,155.63)	140.65	(131.83,149.47,163.69)	148.61
	CROSA	(125.56,142.90,155.63)	141.75	(125.791,41.52,150.85)	139.92	(125.75,143.26,157.79)	142.52
4	SMGA	(122.80,135.92,150.40)	136.26	(116.90,131.77,149.34)	132.44	(129.41,141.08,157.67)	142.31
	GPSO	(119.79,131.93,146.28)	132.48	(118.06,130.89,142.17)	130.50	(126.34,137.77,150.34)	138.06
	RKGA	(118.66,131.54,146.43)	132.04	(115.55,130.21,144.63)	130.15	(122.59,135.16,147.00)	134.98
	CROSA	(114.52,129.55,143.38)	129.25	(113.30,129.62,143.54)	129.02	(117.07,131.54,145.49)	131.41

稱，第三列為運行 20 次後得到的平均模糊時間表長，第四列中的 $c1$ (.) 解釋了平均模糊時間的中值（見 2.1 節），第五列和第六列表示最優情形下的模糊時間表長及其中值，最後兩列表示最壞情形下的模糊時間表長及其中值。從此表中，這裡可以得到一些結論：

(1) 16 個算例的最好解中，CROSA 算法均獲得了優於其他三個算法的結果，這就證明了這個算法的有效性。

(2) CROSA 算法獲得的平均值也優於 RKGA 算法、GPSO 算法以及 SMGA 算法，這就進一步證明了 CROTS 算法的優越性。

(3) 在比較最壞結果時，CROTS 算法的表現也是最優。

表 4-8 中給出了四個算法在不同的維護時間窗下目標值 c_1 (·) 偏差比較。無論是最好偏差值還是平均值偏差值，CROSA 算法較之於其他算法都要偏小，從而證明了 CROSA 算法的穩定性。表 4-9 中給出了四個算法在不同的維護時間窗下運行時間的比較。SMGA 算法的運行時間最長，CROSA 算法相對較短。可見，CROSA 算法在求解最好值和平均值方面，相比其他三種算法都表現了良好的性能。上述比較可以證明，CROSA 算法在求解上述 16 個算例中，在算法搜索能力、魯棒性、收斂性等方面，與其他三種算法相比，表現了良好的性能。

表 4-8　　四種對比算法目標值 c_1 (·) 偏差

比較算法	最好值偏差				平均值偏差			
	1	2	3	4	1	2	3	4
RKGA	1.52	1.50	1.51	1.53	1.05	1.09	1.07	1.10
GPSO	1.47	1.48	1.39	1.41	1.39	1.41	1.37	1.36
SMGA	0.42	0.52	0.49	0.42	0.23	0.20	0.27	0.26
CROSA	0.32	0.30	0.31	0.33	0.15	0.19	0.17	0.10

表 4-9　　　　　　　　　四種算法的計算時間

算法	時間（t/s）			
	1	2	3	4
GPSO	31.6	31.1	31.9	31.7
RKGA	32.4	32.7	32.8	32.9
SMGA	81.5	81.1	81.8	80.6
CROSA	23.2	23.0	23.6	23.5

4.4.2　算法評價

一個算法的好壞一方面取決於算法的結果是否優秀，另一方面還要計算算法的空間複雜度。在本節中提出的基於化學反應算法與模擬退火搜索算法的啓發式算法中，假設算法的分子種群規模為（$CRO_{popsize}$），工件個數為 n，機器的臺數為 m，則此算法需要分配的內存空間包含以下兩個方面：

（1）每一個分子所對應的解需要大小為 $n×m$ 的內存空間存儲。在計算分子的目標時，需要為每個工件的釋放時間和機器的空閒時間分配空間，此內存空間的大小為 $3×n×m$。因此，對於整個種群來說，總的內存空間為 $3×n×m×(n×m)×CRO_{popsize}$。

（2）在使用模擬退火搜索最好分子時同樣需要分配內存空間。對於 SA 算法的目標函數，其算法時間複雜度是 $O(n)$，溫度控制外循環次數假定為 a，在每個特定溫度下內循環次數為 b，那麼整個算法的時間複雜度為 $O(abn)$。模擬退火搜索表中需要保存的只是分子的交換位置，因此鄰域解需要的內存空間為 $nV×m$。假設 s 表示每一次產生的鄰域解集合的大小，每個鄰域解都需要計算出目標值，因此，最終需要分配的內存空間為 $abn×(n×m)×s$。

綜合以上兩個方面的分析，本章中的化學反應模擬退火搜索混合算法所需要的內存空間為 $abn×(n×m)×(CRO_{popsize}+s)+n×m$，其中 a、b、$CRO_{popsize}$ 和 s 都是事先給定的，與 n 和 m 無關。一般情形下，工件的個數往

往大於機器的臺數，即 $n \geq m$，因而，此算法空間複雜度為 $O(n2m)$。

4.5　小結

　　在實際的車橋生產過程中，往往由於各種各樣隨機不確定因素的影響，使得車橋的加工時間無法用精確數值表達，因而在實際的車間調度過程中，只能根據以往的經驗得到車橋零部件的加工時間可能的取值範圍。因此，研究基於不確定加工時間的車間調度問題是十分必要的。通過研究發現，採用三角模糊數來描述加工時間的不確定性是十分合理的。本章針對車橋生產的多道工序及多臺機器的車間調度進行了深入的研究。根據決策者的實際需求（最小化最大完工時間），本章分析並建立考慮維護時間的車橋加工的數學模型，提出了一種化學反應優化算法與模擬退火搜索算法相結合的啓發式算法，最終得到工件的加工序列以及最優目標函數值。本章還考慮了維護，這是因為隨著加工時間的持續增加，機器會出現不同程度的磨損、毀壞等，因此需要安排維護計劃，以保證機器能夠不會因為完全損壞而停機，徹底影響工件的加工，最後導致企業的生產成本增加，影響企業的市場競爭力。本章通過實驗分析以及比較結果證明了混合啓發式算法的有效性以及尋優能力。

5 模糊隨機維護時間窗的單機調度問題

　　聯合考慮機器的維護活動與工件調度，維護活動的開始時間與工件的開始時間一樣，都是一個決策變量。這類問題研究的常見模型為機器的每個維護時段都對應一個時間窗，維護可以在時間窗內浮動。由於機器必須停下來進行維護或者修理，因此也是一個 NP 難的問題。Fitouhi 和 Nourelfath 針對維護活動在某時間窗內浮動的單機問題進行了研究，證明集成維護與生產可以減少維護成本與生產總成本[1]。Li 等研究了帶維護的異序作業調度問題，在此問題中，時間窗的開始時間與結束時間都是事先給定的[2,3]。模糊理論在 Zadeh 提出後，被應用到許多的領域[4,5,6]。但是現實生活中，決策的產生同時包含模糊性和隨機性。因此，採用模糊隨機變量來描述這種狀況是可行的[7]。類似地，也可以將模糊隨機變量應

---

[1] Fitouhi M C, Nourelfath M. Integrating noncyclical preventive maintenance scheduling and production planning for a single machine [J]. International Journal of Production Economics, 2012, 136 (2): 344-351.

[2] Li J, Pan Q. Chemical-reaction optimization for flexible job-shop scheduling problems with maintenance activity [J]. Applied Soft Computing, 2012, 12 (9): 2896-2912.

[3] Gao J, Gen M, Sun L. Scheduling jobs and maintenances in flexible job shop with a hybrid genetic algorithm [J]. Journal of Intelligent Manufacturing, 2006, 17 (4): 493-507.

[4] Xu J, Ni J, Zhang M. Constructed wetland planning-based bilevel optimization model under fuzzy random environment: Case study of chaohu lake [J]. Jour nal of Water Resources Planning and Management, 2015 (3).

[5] Xu J, Tu Y, Lei X. Applying multiobjective bilevel optimization under fuzzy random environment to traffic assignment problem: Case study of a large-scale construction project [J]. Journal of Infrastructure Systems, 2013, 20 (3).

[6] Xu J, Zhou X. Fuzzy-like multiple objective decision making [M]. Berlin: Springer, 2011.

[7] Kruse R, Meyer K D. Statistics with vague data [J]. Theory & Decision Library, 1987 (38).

用到機器調度問題[①]。前幾章討論了加工時間為三角模糊數的機器調度問題，這一章主要引入模糊隨機概念來處理維護時間窗的不確定性。在機器調度領域中，已有少量的研究考慮模糊隨機變量的作用的影響，例如 Itoh 研究了工件的工期是模糊隨變量的單機調度問題。

5.1 問題描述

在維護時間段可調的機器調度問題研究中，每個維護時間段都有與之對應的時間窗，維護活動允許在此時間窗內任意浮動。這種情形在實際生產過程中是存在的。例如，某大型空調製造企業的生產車間擁有多臺大型機器，包括衝片機、脹管機、折彎機、彎管機以及脫脂爐等。這些機器的清掃、潤滑等簡單維護工作一般都由操作師進行，維護時間安排在每天開工前、收工後或者某些特殊工作任務完成後。但是對於其他複雜的機器、系統或者程序，例如電路系統、液壓系統、衝片程序，它們的維護工作也相應地比較複雜。翻邊高度及脹杆的調整、衝模的更換與大型檢修等必須由某個特定的機器公司來執行。這些維護工作一般都是同屬於一個集團的機器公司。為了降低維護工作對空調企業生產計劃的影響，實現整個集團利益的最大化，機器公司和空調企業的調度部門將採取合作方式來制訂一個較為合理的調度方案。首先，機器公司根據這些複雜機器的使用手冊制訂一個初步的維護計劃後將每個複雜機器的可行維護時間段告知空調企業的調度部門；其次，調度部門對維護工作以及工件進行統一調度，得到一個層次更高的優化方案；最後，把具體的維護時間段的相關信息反饋給機器公司，具體的維護方式、內容等由

[①] Itoh T, Ishii H. One machine scheduling problem with fuzzy random due dates [J]. Fuzzy Optimization and DecisionMaking, 2005, 4 (1): 71-78.

機器公司執行，如圖 5-1 所示。此種模型基於機器可以持續工作的狀況。

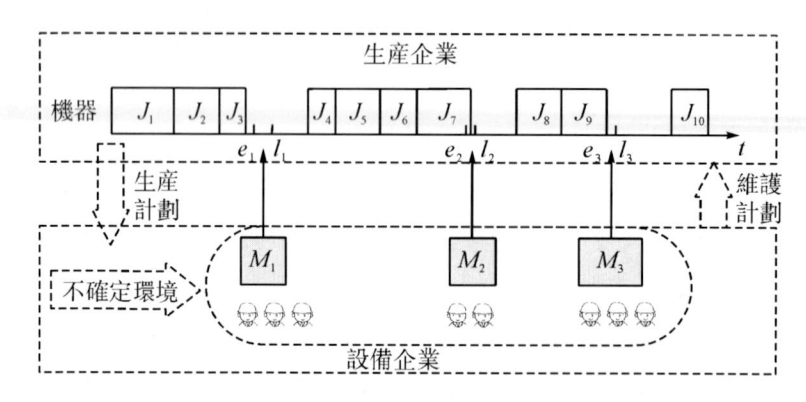

圖 5-1　單機模型

由於維護計劃的制訂是機器公司給定的，與生產計劃的制訂分屬兩個不同的機構，因此維護時間窗包含著模糊與隨機的雙重不確定性。為了適應維護計劃中的不確定性，這裡引入 Tang 等提出的軟時間窗的概念[①]。假設某維護活動的時間窗為 (e, l)，採取軟時間窗概念法描述記為 $[e^e, e, l, l^e]$，其中 e^e 表示的是調度部門可以容忍的最早時間，如果維護活動的開始時間早於時間點 e，調度部門是可以接受的；l^e 表示的是可以容忍的最晚時間。也就是說，如果維護活動安排在時間 (e, l) 內，對於兩個機構都是最好的選擇，同時也存在一個容忍區間 $[e^e, e, l, l^e]$。如果生產計劃安排得不合理，就可能造成機器公司選派維護工人過來檢修機器，而機器卻在加工工件的狀況出現，這對機器公司來說，是一種時間與人力的浪費，因此需要考慮維護活動完成的時效度水平。

在描述維護時間窗的模糊隨機性之前，首先給出模糊隨機變量的定義與性質。1978 年，Kwakernaak 提出用模糊隨機變量概念來描述同時擁有模糊信息與隨機因素的現象。隨後，越來越多的學者從不同的角度研究模糊隨機變量，從而給出相應的模糊隨機變量的定義，比如 Colubi

---

① Tang J, Pan Z, Fung R Y, et al. Vehicle routing problem with fuzzy time windows [J]. Fuzzy Sets and Systems, 2009, 160 (5): 683-695.

等，Kruse 和 Meyer[①]，Lopez-Diaz 和 Gil[②]、Puri 和 Ralescu[③]，Wang 和 Qiao[④] 及 Lu 等[⑤]。如果模糊隨機變量定義在實數集上，則以上學者提出的定義是等價的。本章考慮的模糊隨機變量定義在實數集合上，並且採用 Puri 和 Ralescu 提出的定義。

設 R 表示全體實數的集合，$F_c(R)$ 表示全體模糊變量的集合，$K_c(R)$ 表示全體非空有界閉區間。

【定義 5.1】（模糊隨機變量）給定概率空間 (Ω, F, P)，一個映射 $\zeta: \Omega \to F_c(R)$ 稱為 (Ω, F, P) 上的模糊隨機變量，如果對 $\forall 0 < \alpha \leq 1$，集值函數 $\zeta_\alpha: \Omega \to K_c(R)$

$\zeta_\alpha(w) = (\zeta(v))_\alpha = \{x \mid x \in R, \mu_{\zeta(v)} \geq \alpha\}$，$\forall v \in \Omega$ 是 F-可測的。

【定理 5.1】[⑥] 如果 ζ 是定義在概率空間 (Ω, F, P) 的一個模糊隨機變量，則

對 $v \in \Omega$，$\forall \alpha \in [0, 1]$，$\zeta_\alpha(v) = [\zeta_\alpha^-(v), \zeta_\alpha^+(v)]$ 是一個隨機區間，即 $\zeta_\alpha^-(v)$ 和 $\zeta_\alpha^+(v)$ 是概率空間 (Ω, F, P) 上的實值隨機變量。

這個定理可以作為一個判斷實數模糊隨機變量的充要條件。

特別地，如果對 $\forall v \in \Omega$，$\zeta(v)$ 是三角模糊數，則稱 ζ 為三角型模糊隨機變量，記為 $\zeta(v) = (a(v) - l(v), a(v), a(v) + r(v))$，$v \in \Omega$。特殊情況下，如果 $l(v)$，$r(v)$ 取為常數，則三角型

---

① Kruse R, Meyer K D. Statistics with vague data [J]. Theory & Decision Library, 1987 (38).

② López-Diaz M, Gil M A. Constructive definitions of fuzzy random variables [J]. Statistics &probability letters, 1997, 36 (2): 135-143.

③ Puri M L, Ralescu D A. Fuzzy random variables [J]. Journal of mathematical analysis and applications, 1986, 114 (2): 409-422.

④ Wang G, Qiao Z. Linear programming with fuzzy random variable coeffi cients [J]. Fuzzy Sets and Systems, 1993, 57 (3): 295-311.

⑤ Lu B, Chen H, Gu F, et al. Research of earliness/tardiness problem in fuzzy job-shop scheduling [J]. Journal of Systems Engineering, 2006, 6: 013.

⑥ Luhandjula M. Fuzziness and randomness in an optimization framework [J]. Fuzzy Sets and Systems, 1996, 77 (3): 291-297.

模糊隨機變量 ζ 可以記為 $\zeta(v) = (a(v)-l, a(v), a(v)+r)$。

5.2 模型創建

假設所研究的單機調度問題有 n 個工件需要處理，記為 $J = \{J_1, J_2, \cdots, J_n\}$。

為了建立該問題的數學模型，首先提出如下基本假設：

（1）所有工件在 0 時刻都已經準備好；

（2）工件加工過程不允許中斷；

（3）維護活動安排在工件中間，也就是所有維護活動必須在工件完工前結束；

（4）維護活動的下標同時也是維護活動的序列號，即 M_i 指的就是第 i 個維護活動。

基於以上假設，本章將建立一個帶有模糊隨機參數的單機調度問題模型。

為了建立該問題的數學模型，首先給出以下記號：

i：工件下標，$i = 1, 2, \cdots, n$；

k：維護活動的下標，$k = 1, 2, \cdots, K$；

n：需要被加工的工件數；

K：維護活動的次數；

e_k：第 k-個維護活動最早開始時間；

l_k：第 k-個維護活動最晚開始時間；

p_i：工件 J_i 的加工時間；

w_i：工件 J_i 的權重；

a_k：維護活動 M_k 維護時間；

t_k：第 i 個維護活動的開始時間；

CM_k：第 i 個維護活動的完成時間；

C_i：工件 J_i 的完工時間；

$J_{[i]}$：工件的序列號；

$p_{[i]}$：第 i-個工件的加工時間；

$w_{[i]}$：第 i-個工件的權重；

$C_{[i]}$：第 i-個工件的完工時間；

$T(t)$：時效度；

$\tilde{\bar{e}}_k^e$：第 k 個維護活動的可承受最早開始時間（模糊隨機變量）；

$\tilde{\bar{l}}_k^e$：第 k 個維護活動的可承受最晚開始時間（模糊隨機變量）；

x_{ij}：工件序列決策變量；

y_{ik}：維護活動決策變量。

其中

$$x_{ij} = \begin{cases} 1, & \text{如果第 } i\text{-個工件是工件 } J_j; \\ 0, & \text{其他.} \end{cases}$$

$i=1, 2, \cdots, n, j=1, 2, \cdots, n$。基於決策變量 x_{ij} 的定義，第 i 個工件的完工時間為

$$p_{[i]} = \sum_{j=1}^{n} p_j x_{ij}, \quad w_{[i]} = \sum_{j=1}^{n} w_j x_{ij}, \quad C_{[i]} = \sum_{k=1}^{i} p_{[k]}$$

$$y_{ik} = \begin{cases} 1, & \text{如果第 } k \text{ 個維護活動安排在第 } i \text{ 工件之前;} \\ 0, & \text{其他。} \end{cases}$$

5.2.1 決策目標

維護活動在一定程度上會影響到工件的加工進度，但是如果不考慮機器的維護活動，機器的故障風險將會增加數倍。因此，機器的維護活動的安排與工件加工安排之間存在著不可消除的矛盾與協定。本章中的主要貢獻就是為製造系統提供整體的決策。

模糊隨機環境下帶維護活動的單機調度問題的第一個目標是最小化

加權完工時間，也就是

$$\min f_1 = \sum_{i=1}^{n} w_i C_i = \sum_{i=1}^{n} w_{[i]} C_{[i]} \tag{5.1}$$

在這個問題中，工件的完工時間會受到許多因素的影響，比如前一個工件的完工時間、加工時長以及之前維護活動的安排情況等。因此，對於第一個工件，它的完工時間 $C_{[1]}$ 為：

$$C_{[1]} = \sum_{j=1}^{n} p_j x_{1j} + y_{1k}(t_k + a_k) \tag{5.2}$$

對於第二個工件，它的完工時間 $C_{[2]}$ 可以描述為：

$$C_{[2]} = \sum_{j \in I} p_j x_{2j} + \sum_{i=1}^{2} y_{ik}(t_k + a_k) \tag{5.3}$$

其中 $I = \{1, 2, \cdots, n\} \cap \bar{Q}_1$，$Q_1 = \{J_{[1]}\}$，那麼對於第 i 個工件，它的完工時間 $C_{[i]}$ 為：

$$C_{[i]} = \sum_{j \in I} p_j x_{ij} + \sum_{r=1}^{i} y_{ik}(t_k + a_k) \tag{5.4}$$

其中 $I = \{1, 2, \cdots, n\} \cap \bar{Q}_i$，$Q_i = \{J_{[1]}, J_{[2]}, \cdots, J_{[i-1]}\}$。

模糊隨機環境下帶維護活動的單機調度問題的第二個目標是最大化平均時效水平，也就是

$$T(t) = \begin{cases} 0, & t < e \\ 1, & e \leq t < l \\ 0, & t \geq l \end{cases} \tag{5.5}$$

為了更好地理解模糊隨機環境下的時間窗，前面已經簡單介紹 Tang 提出的軟時間窗定義。假設某維護活動的時間窗為 (e, l)，採取軟時間窗概念法描述記為 $[e^e, e, l, l e]$，其中 e^e 表示的是調度部門可以容忍的最早時間，如果維護活動的開始時間早於時間點 e，調度部門是可以接受的；l^e 表示的是可以容忍的最晚時間。也就是說，如果維護活動安排在時間 (e, l) 內，對於兩個機構都是最好的選擇，同時也存在一個容忍區間 $[e^e, e, l, l^e]$。此時效性水平可以定義為

$$T(t) = \begin{cases} 0, & t < e^e \\ \dfrac{t - e^e}{e - e^e}, & e^e \leq t < e \\ 1, & e \leq t < l \\ \dfrac{l^e - t}{l^e - l}, & l \leq t < l^e \\ 0, & t \geq l^e \end{cases} \qquad (5.6)$$

模糊隨機環境下的時間窗 $[\tilde{\tilde{e}}^e, \tilde{\tilde{l}}^e]$ 在實際問題中很難得到精確的解，因此，需要一個合適的轉換方法將模糊隨機變量轉換為精確值。

要處理帶有不確定因素的多目標優化問題是一件非常困難的事情。在維護時間窗模糊隨機的單機調度問題中，不確定因素為三角模糊隨機數，因此直接求解方程 (5.6) 的解是十分複雜的。對於這個問題，模糊隨機數的模糊期望值是很好的工具。

不失一般性，這裡假設模糊隨機變量 $\tilde{\tilde{e}}^e$ 有如下形式：

$$\tilde{\tilde{e}}^e = \begin{cases} \tilde{e}_1^e, & 概率為 p_1 \\ \tilde{e}_2^e, & 概率為 p_2 \\ \tilde{e}_3^e, & 概率為 p_3 \end{cases} \qquad (5.7)$$

其中 $\tilde{e}_1^e = (a_1, a_2, a_3)$，$\tilde{e}_2^e = (b_1, b_2, b_3)$，$\tilde{e}_3^e = (c_1, c_2, c_3)$ 表示三個工作人員的時間窗，並且對應的概率為：$P(\{w \in \Omega | \chi(w) = \tilde{e}_1^e\}) = p_1$，$P(\{w \in \Omega | \chi(w) = \tilde{e}_2^e\}) = p_2$，$P(\{w \in \Omega | \chi(w) = \tilde{e}_3^e\}) = p_3$，在給定的概率空間 (Ω, A, P) 中，Ω 表示三個時間窗的模糊邏輯，χ 是任意給定的映射。

在本章中，根據 Kruse 和 Meyers 方法，$\chi = \tilde{\tilde{e}}^e$（或者 $\tilde{\tilde{l}}^e$）由被選定的維修工人決定[1]，其中概率空間為 (Ω, A, P)，$\Omega = \{$模糊邏輯關係中的

---

[1] Kruse R, Meyer K D. Statistics with vague data [J]. Theory & Decision Library, 1987 (38).

三個維修工人｝，$A = P = \Omega$ 的基數。對任意的 $w \in \Omega$，有 $p(w) = 1/card(w)$，其中 card (x) 是集合 w 的基數。另外，$\tilde{e}^e$（或者 $\tilde{l}^e$）的描述可以看成是與 (Ω, A, P) 有關的模糊隨機變量 $\mathcal{X}$，並且 $\bar{x}_1$ =「大概 $t = a_2$」，$\bar{x}_2$ =「大概 $t = b_2$」，$\bar{x}_3$ =「大概 $t = c_2$」，其中 $\bar{x}_1$、$\bar{x}_2$ 和 $\bar{x}_3$ 表示模糊集。這樣可以很方便地表示成三角模糊數，如圖 5-2 所示。

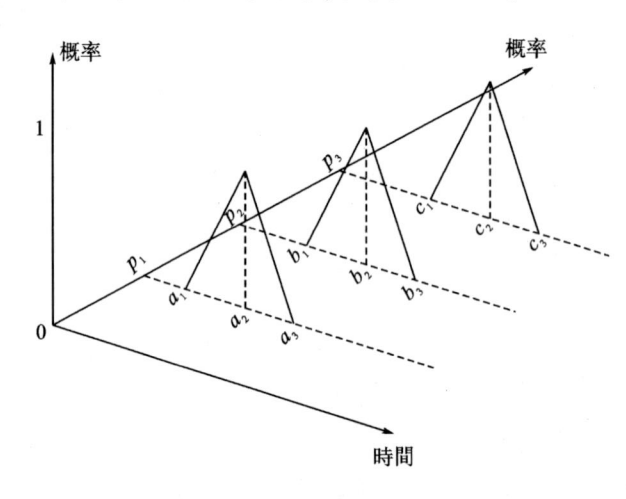

圖 5-2　三角模糊隨機變量

因此，假設 $\theta(\mathcal{X})$ 是由 $\mathcal{X}$ 產生的模糊變量，如果 $\theta(\mathcal{X}) = E^f [X | P]$，$\forall \alpha \in [0, 1]$，

$$\inf (\theta(\mathcal{X}))_\alpha = E^f (\inf \mathcal{X}_\alpha | P) \tag{5.8}$$

$$= p_1 \inf (\tilde{e}_1^e)_\alpha + p_2 \inf (\tilde{e}_2^e)_\alpha + p_3 \inf (\tilde{e}_3^e)_\alpha$$

$$\sup (\theta(\mathcal{X}))_\alpha = E^f (s (\tilde{e}_1^e)_\alpha \mathrm{up} \mathcal{X}_\alpha | P) \tag{5.9}$$

$$= p_1 \sup + p_2 \sup (\tilde{e}_2^e)_\alpha + p_3 \sup (\tilde{e}_3^e)_\alpha$$

由文獻①的定義，模糊隨機變量的模糊期望值 $\tilde{e}^e$ 為

$$E^f [\tilde{e}^e] = (ae, be, ce) \tag{5.10}$$

---

① Kumar U D, Crocker J, Knezevic J. Evolutionary maintenance for aircraft engines [J]. Reliability and Maintainability Symposium, 1999, 62–68.

其中 $a_e = \inf\,(\theta(\mathcal{X}))_0$, $b_e = \inf\,(\theta(\mathcal{X}))_1 = \sup\,(\theta(\mathcal{X}))_1$, $c_e = \sup\,(\theta(\mathcal{X}))_0$, 如圖 5-3 所示。

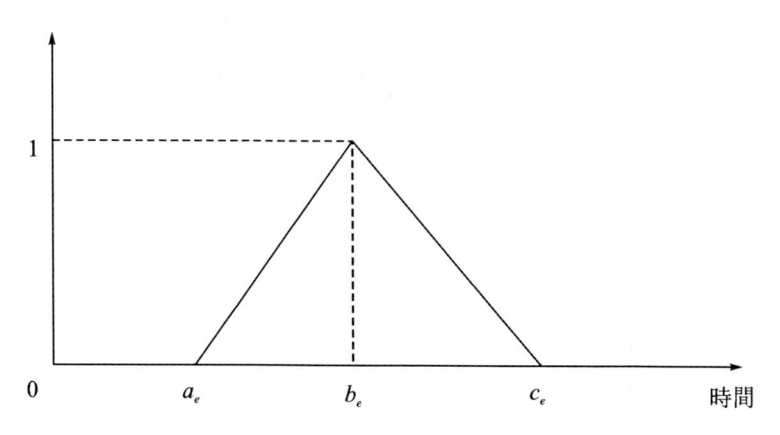

圖 5-3 模糊隨機變量的模糊期望值

用上述方法可以將模糊隨機變量轉換為模糊變量。然而，模糊規劃問題還是比較難以處理，現在將模糊變量轉化為確切值。由於 $\tilde{e}^e = (a, b, c)$ 是三角模糊數，函數 $f_{\tilde{e}^e}(x)$ 和 $g_{\tilde{e}^e}(x)$ 分別是 $\tilde{e}^e$ 左右側函數，其中 $f_{\tilde{e}^e}(x)$ 是增函數，$g_{\tilde{e}^e}(x)$ 是減函數。因此 $\tilde{e}^e$ 的期望值有以下形式：

$$E(\tilde{e}^e) = \frac{1}{2}\left[\left(b - \int_a^b f_{\tilde{e}^e}(x)\,\mathrm{d}x\right) + \left(b + \int_b^c g_{\tilde{e}^e}(x)\,\mathrm{d}x\right)\right]$$

因此，時效性水平有如下形式的定義：

$$T(t) = \begin{cases} 0, & t < E^f[E[\tilde{\tilde{e}}^e]] \\[2pt] \dfrac{t - E^f[E[\tilde{\tilde{e}}^e]]}{e - E^f[E[\tilde{\tilde{e}}^e]]}, & E^f[E[\tilde{\tilde{e}}^e]] \leq t < e \\[2pt] 1, & e \leq t < l \\[2pt] \dfrac{E^f[E[\tilde{\tilde{l}}^e]] - t}{E^f[E[\tilde{\tilde{l}}^e]] - l}, & l \leq t < E^f[E[\tilde{\tilde{e}}^e]] \\[2pt] 0, & t \geq E^f[E[\tilde{\tilde{e}}^e]] \end{cases} \qquad (5.11)$$

5.2.2 模型約束

假設第 $i-1$ 個工件是第 k 個維護活動前的最後一個加工工件，即第 k 個維護活動處在第 $i-1$ 個工件和第 i 個工件之間。如果第 $i-1$ 個工件在維護工人準備好之前完成，那麼此維護工人必須等待，即

$$t_k \geq \max\{E^f[E[\tilde{\tilde{e}}_k^e]], y_{ik}C_{[i-1]}\}, \ k=1, 2, \ldots, m \tag{5.12}$$

$$t_k \leq E^f[E[\tilde{\tilde{l}}_k^e]] \tag{5.13}$$

其中 $E^f[E[\tilde{\tilde{e}}_k^e]]$ 和 $E^f[E[\tilde{\tilde{l}}_k^e]]$ 中的 E^f 將模糊隨機變量轉換成模糊變量①，而 E 將模糊變量轉換成確定的變量②。

在工件加工過程中必須保證每臺機器每次只能接受一個工件，而且工件也只能分配到一臺機器，則

$$\sum_{i=1}^n x_{ij} = 1, j = 1, 2, \cdots, n; \ \sum_{j=1}^n x_{ij} = 1, i = 1, 2, \cdots, n \tag{5.14}$$

每個維護活動每次只能由一個維護工人完成，則

$$\sum_{i=1}^n y_{ik} = 1, k = 1, \cdots, m; \ \sum_{k=1}^m y_{ik} \leq 1, i = 1, \cdots, n \tag{5.15}$$

5.2.3 匯總模型

基於以上討論，模糊隨機環境下帶維護活動的單機調度問題的數學模型為

$$\min f_1 = \sum_{i=1}^n w_i C_i = \sum_{i=1}^n w_{[i]} C_{[i]}$$

$$\max \frac{1}{m} \sum_{k=1}^m T_k(t_k)$$

---

① Kruse R, Meyer K D. Statistics with vague data [J]. Theory & Decision Library, 1987 (38).

② Heilpern S. The expected value of a fuzzy number [J]. Fuzzy Sets and Systems, 1992, 47 (1): 81-86.

$$\text{s. t.} \begin{cases} \sum_{i=1}^{n} x_{ij} = 1, \ i = 1, 2, \ldots, n \\ \sum_{j=1}^{n} x_{ij} = 1, \ j = 1, 2, \ldots, n \\ t_k \geq \max\{E^f[E[\widetilde{\widetilde{e}}_k^e]], \ y_{ik}C_{[i-1]}\} \\ t_k \leq E^f[E[\widetilde{\widetilde{l}}_k^e]] \\ \sum_{i=1}^{n} y_{ik} = 1, \ k = 1, 2, \ldots, m \\ \sum_{k=1}^{m} y_{ik} \leq 1, \ i = 1, 2, \ldots, n \\ x_{ij} \in \{0, 1\}, \ i = 1, 2, \ldots, n \\ y_{ik} \in \{0, 1\}, \ i = 1, 2, \ldots, n, \ k = 1, 2, \ldots, m \end{cases} \quad (5.16)$$

其中 $E^f[E[\widetilde{\widetilde{e}}_k^e]]$ 和 $E^f[E[\widetilde{\widetilde{l}}_k^e]]$ 中的 E^f 將模糊隨機變量轉換成模糊變量，而 E 將模糊變量轉換成確定的變量。

5.3 GLNPSO-ff 算法

1995 年，受到飛鳥集群活動的啟發，Kennedy 和 Eberhart 提出了粒子群最優算法（Particle Swarm Optimization，PSO）。基本的想法是借助信息共享，在無序向有序的演化過程的問題空間中尋找個體在群體中的整體運動規律，以獲得最佳的解決方案。在此過程中，引入了生物群體模型。現有研究表明，PSO 能夠有效解決非線性、不可微以及多峰值等複雜決策問題，並且其具有實現容易、精度高、收斂快等優點，因而已逐漸成為進化算法的一個重要分支。在應用 PSO 解決優化問題時，需要用到以下符號：

τ：迭代代數，$\tau = 1, 2, \cdots, T$。

l：粒子，$l=1, 2, \cdots , L$。

h：維數，$h=1, 2, \cdots , H$。

r_1, r_2：[0, 1] 上兩個相互獨立的服從 U [0, 1] 分佈的隨機數。

$w(\tau)$：第 τ^{th} 代的慣性權重。

$v_d^l(\tau)$：第 τ^{th} 代第 l^{th} 個粒子在第 d^{th} 維上的速度。

$p_d^l(\tau)$：第 τ^{th} 代第 l^{th} 個粒子在第 d^{th} 維上的位置。

$p_d^{l, best}$：第 l^{th} 個粒子在第 d^{th} 維空間上的個體最優位置（pbest）。

g_d^{best}：第 d^{th} 維空間上的全局最優位置（gbest）。

c_p：個體加速常數。

c_g：全局加速常數。

P^{max}：粒子搜索範圍的最大位置值。

P^{min}：粒子搜索範圍的最小位置值。

5.3.1 更新機制

1. 解碼

用微粒群算法求解單機調度問題的第一個問題是如何用微粒來表示一個合法調度。多目標粒子群算法的個體（染色體）的編碼方式採用實值編碼法。每個個體的染色體由兩部分組成，前一部分是基礎維護活動，後一部分是加工的工件。例如某個個體的染色體表示為 1-0-1-0-0-1-1-4-2-3-6-5，則 1-0-1-0-0-1 表示的是基礎維護活動，1-4-2-3-6-5 表示的是工件加工順序，在第一個工件、第三個工件以及第六個工件加工前對機器實施基礎維護活動。

2. 粒子初始化

如前所述，粒子 A 和粒子 B 是由兩種不同的方法得到的。經過幾代繁殖後，可以避免粒子陷入困境。m 次維護活動將時間表分成 $m+1$ 個時間段。如果不考慮維護活動，只是單純地求工件的最小加權完工時間和，則按照 WSTP 規則可以得到最優序。對任意工件，計算其加工時

間權重的比值（p_i/w_i），然後將工件按照此比值由低到高排列即可。考慮到維護活動的介入，此時的調度問題類似於裝箱問題[①]。因此，在初始化粒子中應用 First-fit[②] 規則是可行的。

因此，粒子 A 是任意生成的，粒子 B 則按照如下方法得到。

Step 1：按照 WSTP 規則調度。

Step 2：記 $m+1$ 個時間段為 $L_1 = \left[0, \dfrac{e_1+l_1}{2}\right]$，$L_2 = \left[\dfrac{e_1+l_1}{2}+t_1, \dfrac{e_2+l_2}{2}\right]$，…，$L_k = \left[\dfrac{e_{k-1}+l_{k-1}}{2}+t_{k=1}, \dfrac{e_k+l_k}{2}\right]$，…，$Lm+1 = \left[\dfrac{e_m+l_m}{2}+t_m, \infty\right]$，(Fig. 5)。從第一個可用時間段 L_1 開始，將第一個工件 $J_{[1]}$ 安排在此時間段。

Step 3：找到最合適的候選時間段。如果工件的加工時長沒有超過時間段 L_k 的長度，那麼就將有最大加工時間的工件安排在此時間段。

Step 4：如果工件是空的，則所有工件已被安排完畢。否則，第一個時間段將會作為候選的時間段，並且將工件分配到此時間段。

Step 5：重複 Step 3 和 Step 4，直到所有工件被安排妥當。

3. 適應值函數

本章所考慮的問題是多目標問題，即最小化加權完工時間和最大化平均時效度。這裡考慮用 Li 和 Wang 提出的效用函數或者加權函數，此方法能將多目標函數轉換為單一目標函數[③]。在解決此問題的過程中，在每一次迭代中都有許多可行解。如果某一次迭代中的適應函數值比前

[①] Geng Z, ZOU Y. Study on job shop fuzzy scheduling problem based on genetic algorithm [J]. Computer Integrated Manufacturing Systems, 2002, 8 (8): 616-620.

[②] Bays C. A comparison of next-fit, first-fit, and best-fit [J]. Communications of the ACM, 1977, 20 (3): 191-192.

[③] Li B, Wang L. A hybrid quantum-inspired genetic algorithm for multiobjective flow shop scheduling [J]. IEEE Transactions on Systems, Man, and Cybernetics, Part B: Cybernetics, 2007, 37 (3): 576-591.

一次迭代的還要大，那麼這個可行解將會被替代。否則，前一次迭代所產生的解將會保持。目標函數 f_1 是最小化問題，而目標函數 f_2 是最大化問題，因此對於維護時間窗模糊隨機的單臺機器調度問題的適應值函數為

$$Fitness = a_1 \sum_{i=1}^{n} w_i C_i - \frac{a_2}{m} \sum_{k=1}^{m} T_k(t_k) \tag{5.17}$$

其中 a_1 和 a_2 是懲罰因子，且 $a_1+a_2=1$。

4. 粒子速度和位置

在經典 PSO 算法中，更新粒子的位置和速度主要依據以下公式[1]：

$$v_{sd}(\tau+1) = w(\tau) v_{sd}(\tau) \tag{5.18}$$
$$+c_p r_p [PBest_{sd}(\tau) - P_{sd}(\tau)]$$
$$+c_g r_g [GBest_{sd}(\tau) - P_{sd}(\tau)]$$

其中 s 是粒子下標，$s=1, 2, \cdots, S$；S 是粒子群的大小；τ 是迭代下標，$\tau=1, 2, \cdots, N$；N 迭代次數的上限；$v_{sd}(\tau)$ 是第 s 個粒子在第 τ 次迭代中第 d 維上的速度；$PBest_{sd}$ 和 $GBest_{sd}$ 分別是第 s 個粒子在第 τ 次迭代中第 d 維上的局部最優位置（pbest）和全局最優位置（gbest）；P_{sd} 是 (τ) 第 s 個粒子在第 τ 次迭代中第 d 維上的位置。c_p 和 c_g 是正約束（學習因子），並且他們決定全局最優與個人最優的相對權重。r_p 和 r_g 是區間 $[0, 1]$ 上的任意隨機數，$w(\tau)$ 是用來控制前速度對當前速度影響的慣性權重：

$$w(\tau) = w(N) + \frac{\tau - N}{1 - N}[w(1) - w(N)] \tag{5.19}$$

更新粒子的位置後所對應的速度為：

$$P_{sd}(\tau + 1) = P_{sd}(\tau) + v_{sd}(\tau + 1) \tag{5.20}$$

在本章中，主要是用 GLNPSO 來解決 MSFRTW 問題。在此算法中，

---

[1] Koza J R, Rice J P. Genetic programming II: automatic discovery of reusable programs [J]. Operational Research, 1994, 1 (4): 80-89.

增加局部最優（lbest）$LBest_{sd}(\tau)$ 和臨近最優（nbest）$NBest_{sd}(\tau)$ 以避免經典 PSO 算法出現的局部最優。局部最優指的是臨近粒子中最優的位置。臨近最優主要由 Veeramachaneni 提出，指的是一個社會學習行為的概念，由距離比（FDR）決定：

$$FDR = \frac{Fitness(P_s) - Fitness(P_o)}{|P_{sd} - P_{od}|} \tag{5.21}$$

其中 P_s 和 P_o 分別是第 s 個粒子和第 o 個粒子的位置向量。第 τ^{th} 迭代的速度由以下方程決定：

$$v_{sd}(\tau+1) = w(\tau)v_{sd}(\tau) + c_p r_p [PBest_{sd}(\tau) - P_{sd}(\tau)] + c_g r_g [GBest_{sd}(\tau) - P_{sd}(\tau)]$$

$$+ c_l r_l [LBest_{sd}(\tau) - P_{sd}(\tau)] + c_n r_n [NBest_{sd}(\tau) - P_{sd}(\tau)] \tag{5.22}$$

其中 c_l 和 c_n 指的是全局加速常數和鄰居加速常數。$LBest_{sd}(\tau)$ 和 $NBest_{sd}(\tau)$ 分別指的是第 τ^{th} 代第 l^{th} 個粒子在第 d^{th} 維上的局部最優和臨近最優。r_l 和 r_n 是 $[0,1]$ 上兩個相互獨立的服從 $U[0,1]$ 分佈的隨機數。

pbest，gbest，lbest 和 nbest 依照以下規則更新：對 $s=1, 2, \cdots, S$。

更新 pbest：如果 $Fitness(P_s) < Fitness(PBest_s)$，$PBest_s = P_s$；

更新 gbest：如果 $Fitness(P_s) < Fitness(GBest)$，$GBest = P_s$；

更新 lbest：如果在第 s 個粒子的 K 個鄰居中有某個粒子獲得最小適應值，則設它為 s 個粒子的本地最優位置 $LBest_s$；

更新 nbest：$d=1, \cdots, D$（D 表維數），令使得 FDR 取最大值的 P_{od} 為鄰居最優位置 $NBest_{sd}$。

5.3.2 總體框架

基於上述討論，總結 GLNPSO-ff 算法流程如下：

Step 1：設置參數。粒子群大小 $swarm_{size}$，粒子搜索範圍的最大位置值 P^{max}，粒子搜索範圍的最小位置值 P^{min}，慣性權重 w，四個加速常數 c_p，c_g，c_l，c_n，以及四個均勻隨機數 r_p，r_g，r_l，r_n。

Step 2：初始化粒子。

Step 3：對所有粒子採取以下步驟：

Step 3.1：對 $s=1,\cdots,S$，將每個粒子解碼為一個對應的工序。計算每個粒子的適應函數值並令它的位置為個人最優位置。在這些個人最優位置中選擇最優的一個作為全局最優位置。

Step 3.2：更新 $pbest$、$gbest$、$lbest$ 和 $nbest$。

Step 3.3：更新粒子的位置和速度。

Step 3.4：判斷。

如果 $P_{sd}(\tau+1) > P\max$，則 $P_{sd}(\tau+1) = P\max$，$P_{sd}(\tau+1) = 0$，

如果 $P_{sd}(\tau+1) < P\min$，則 $P_{sd}(\tau+1) = P\min$，$P_{sd}(\tau+1) = 0$。

Step 4：每 15 步更換兩個群中的粒子。

Step 5：如果滿足停止準則，則停止；否則，$\tau=\tau+1$，返回到 Step 2。

5.4 算例剖析

為驗證算法的有效性，對 GLNPSO-ff 算法用 Matlab 語言進行了編程（見圖 5-5），並在 CPU 為 Pentium（R）4、時鐘頻率為 2.93GHz、內存為 512MB 的 LENOVO PC 機上的 Windows 7 環境下運行。

5.4.1 典型算例

為了驗證算法的性能，考慮一個有 24 個工件和 4 個維護活動的單機調度問題。算法實驗數據如表 5-1 和 5-2 所示。

表 5–1　模糊隨機維護時間窗

k–th Time Window	1	2	3	4
$[\tilde{e}_1^e, p_1]$	[(12.1,12.5,12.8), 0.4]	[(30.0,30.1,30.2), 0.5]	[(48.3,48.4,48.7), 0.3]	[(60.3,60.7,60.9), 0.6]
$[\tilde{l}_1^e, q_1]$	[(13.0,13.5,14.1), 0.4]	[(30.8,31.0,31.4), 0.4]	[(49.1,49.3,59.4), 0.4]	[(61.1,61.6,61.8), 0.4]
$[\tilde{e}_2^e, p_2]$	[(12.0,12.3,12.7), 0.6]	[(29.9,30.1,30.2), 0.3]	[(47.9,48.1,48.5), 0.4]	[(60.1,60.3,60.4), 0.6]
$[\tilde{l}_2^e, q_2]$	[(13.6,13.8,14.3), 0.6]	[(30.9,31.1,31.3), 0.3]	[(49.0,49.2,49.3), 0.4]	[(60.9,61.1,61.3), 0.4]
$[\tilde{e}_3^e, p_3]$		[(30.0,30.1,30.3), 0.2]	[(48.1,48.3,48.7), 0.3]	
$[\tilde{l}_1^e, q_3]$		[(31.0,31.2,31.4), 0.3]	[(48.8,49.1,49.2), 0.2]	
e	12.4	30.5	48.4	60.5
l	13	31	49	61.1
MaintenanceTime	1	0.7	1.2	0.9

表 5-2　　　　　　　　　　工件的加工時間

J_i	p_i	w_i	J_i	p_i	w_i
J_1	1.9	1.8	J_{13}	2.3	2.1
J_2	2.0	1.0	J_{14}	2.5	2.3
J_3	1.2	1.8	J_{15}	2.6	1.5
J_4	1.3	2.5	J_{16}	3.4	2.1
J_5	3.6	2.6	J_{17}	1.5	2.9
J_6	1.8	2.8	J_{18}	1.2	1.7
J_7	4.4	2.7	J_{19}	2.8	2.3
J_8	1.7	1.7	J_{20}	4.5	1.8
J_9	1.7	2.2	J_{21}	4.7	2.3
J_{10}	5.0	2.5	J_{22}	2.1	2.4
J_{11}	2.8	1.4	J_{23}	1.6	1.8
J_{12}	2.4	2.8	J_{24}	3.5	1.8

1. 算法比較

首先，這裡將這些工件按照 WSPT 準則排列，即：17 →4 →6 →3 →18 →9 →12 →22 →23 →8 →1 →14 →13 →19 →5 →16 →7 →15 →24 →2 →10 →11 →21 →20。

初始化的粒子群 B 如下所示：

Interval 1：17 →4 →6 →3 →18 →9 →12

Interval 2：22 →23 →8 →1 →14 →13 →19

Interval 3：5 →16 →7 →15

Interval 4：24 →2 →10

Interval 5：11 →21 →20

經過計算，此時的時效水平為 1，並且加權完工時間和為 1,334.375。大的粒子群和高迭代次數可以減少陷入停滯狀態的概率[1]。在這些實驗

---

[1] Van den Bergh F, Engelbrecht A P. A convergence proof for the particle swarm optimiser [J]. Fundamenta Informaticae, 2010, 105 (4)：341-374.

中，算法運行時的參數設置為：微粒群種群規模為 $swarm_{size}$ = 200，最大迭代代數為 τ_{max} = 150。為了得到最優的加速常數值 c_p，c_g，c_l，c_n，通過採取不同的微粒子種群規模以及慣性權重進行試驗比對，實驗結果如表 5-3 所示。從表 5-3 中可以得知：$c_p = 2$，$c_g = 2$，$c_l = 2$，$c_n = 2$，當微粒群種群 A 和 B 的規模都為 30，初始慣性權重 w（1）= 0.9，最終慣性權重 w（N）= 0.1。

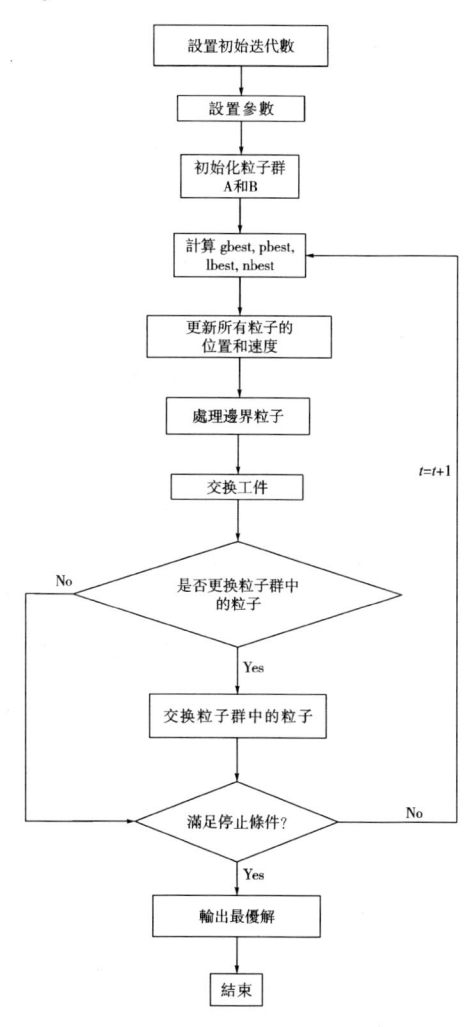

圖 5-5　GLNPSO-ff 算法流程圖

表 5-3　　　　　　　　GLNPSO-ff 算法預備實驗

No.	[$w(1)$, $w(N)$]	種群大小	c_p	c_g	c_n	c_l	(f_1^*, f_2^*)	平均運行時間
1	[1.2, 0.1]	20	1	1	1	1	(1, 340.21, 0.805, 6)	13.01
2	[1.1, 0.2]	20	1	1.5	1	1.5	(1, 341.17, 0.808, 1)	13.12
3	[1.0, 0.3]	20	1	2	1	2	(1, 341.46, 0.809, 7)	12.98
4	[0.9, 0.4]	30	1.5	1	1.5	1	(1, 339.58, 0.801, 3)	13.21
5	[1.2, 0.1]	30	1.5	1.5	1.5	1.5	(1, 337.64, 0.810, 2)	13.70
6	[1.1, 0.3]	40	1.5	2	1.5	2	(1, 337.64, 0.810, 2)	15.74
7	[1.2, 0.2]	40	2	1	2	1	(1, 337.64, 0.810, 2)	15.90
8	[0.9, 0.1]	40	2	2	2	2	(1, 331.34, 0.811, 2)	15.88
9	[0.9, 0.1]	50	2.5	2	2.5	2	(1, 338.94, 0.813, 2)	16.31
10	[1.1, 0.3]	50	2.5	2.5	2.5	2.5	(1, 341.46, 0.800, 2)	16.91
11	[1.3, 0.5]	50	1	1	1	1	(1, 338.71, 0.807, 2)	16.09
12	[1.0, 0.4]	20	1	1.5	1	1.5	(1, 331.46, 0.800, 9)	13.09
13	[1.1, 0.3]	20	1	2	1	2	(1, 340.74, 0.805, 4)	13.08
14	[1.2, 0.2]	20	1.5	1	1.5	1	(1, 335.72, 0.810, 1)	12.99
15	[1.3, 0.1]	30	1.5	1.5	1.5	1.5	(1, 337.18, 0.812, 2)	13.81
16	[1.4, 0.1]	30	1.5	2	1.5	2	(1, 339.43, 0.806, 5)	13.67
17	[1.5, 0.1]	30	2	1	2	1	(1, 342.44, 0.807, 6)	13.21
18	[0.9, 0.1]	30	2	2	2	2	(1, 330.55, 0.813, 0)	13.16
19	[0.8, 0.2]	40	2.5	2	2.5	2	(1, 331.67, 0.802, 5)	15.23
20	[1.0, 0.2]	40	2.5	2.5	2.5	2.5	(1, 334.88, 0.809, 9)	15.01

運行 10 次後，最優解為：

Interval 1：17 →4 →6 →3 →18 →9 →12 →23

Interval 2：22 →8 →1 →14 →13 →19 →5 →16

Interval 3：7 →15 →24 →2

Interval 4：11 →10

Interval 5：21 →20

圖 5-6 給出了 GLNPSO-ff 算法的收斂性。加權完工時間和為 1,330.555，並且平均時效水平為 0.813,0。

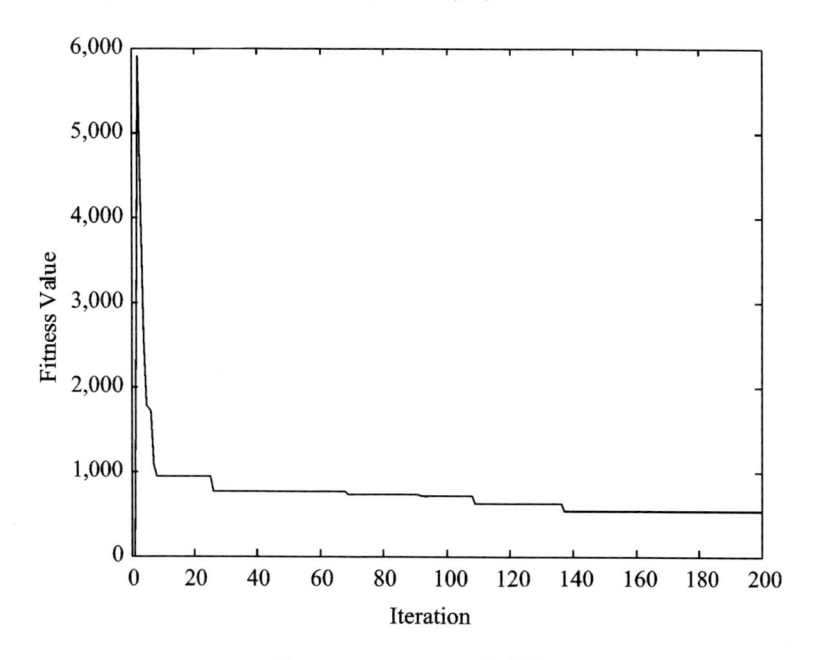

圖 5-6　GLNPSO-ff 收斂性

為了驗證 GLNPSO-ff 算法的優越性，這裡同時給出經典 PSO 算法以及經典遺傳算法（GA）的實驗結果。

令 PSO 算法的粒子群規模 $S=50$，其他參數與 GLNPSO-ff 算法中的參數一致。運行多次後，PSO 算法的收斂曲線如圖 5-7 所示。實驗結果為：最小加權完工時間和為 1,415.623，最大平均時效水平為 0.690,8，最優工件加工序列為：

Interval 1：17 →4 →3 →6 →18 →9 →12

Interval 2：22 →23 →8 →1 →14 →13 →19 →5 →16

Interval 3：7 →15 →2

Interval 4：11 →10 →24

Interval 5：21 →20

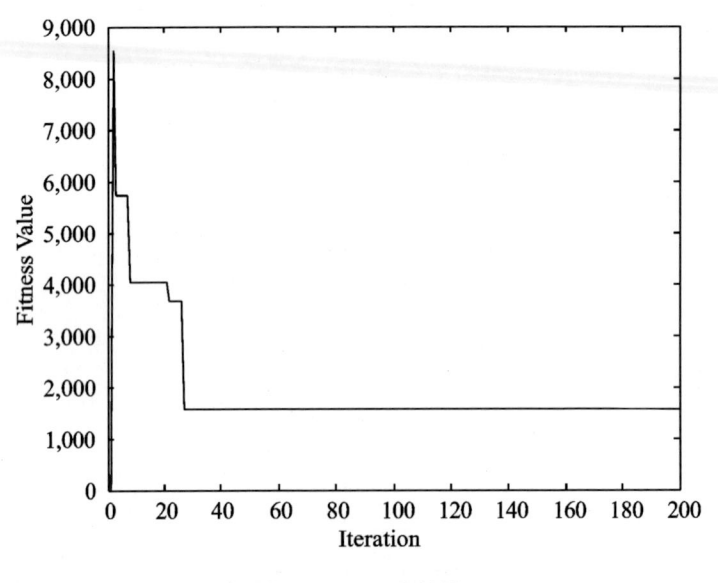

圖 5-7　PSO 收斂性

對於經典遺傳算法，這裡考慮 Taguchi 方法①中的假設與參數設置：①種群數目也是 P_{size} = 50；②交叉概率和突變概率分別為 0.5 和 0.3；③迭代次數不超過 200。

表 5-4 給出了 GLNPSO-ff 算法、PSO 算法以及 GA 算法的比對結果（包含最小加權完工時間、最大平均時效水平、平均運行時間等）。從中可知，對於模糊隨機環境下帶有維護活動的單機調度問題，GLNPSO-ff 算法總體上要優於 PSO 算法以及 GA 算法。

為了評估獲得的實驗數據是否最優，這裡引進最小帕累托距離度量

---

① Rosa J L, Robin A, Silva M, et al. Electrodeposition of copper on titanium wires：Taguchi experimental design approach ［J］. Journal of Materials Processing Technology，2009，209（3）：1181-1188.

(metric minimum pareto distance)[①]。評估的步驟如下所示。

Step 1：計算：

$$d(s_k) = \min_{s_p \in S^P} \left\{ \sqrt{\sum_{i=1}^{a} \left(\frac{f_i(s_k) - f_i(s_p)}{f_i^{\max}(\bullet) - f_i^{\min}(\bullet)} \right)^2} \right\} \quad (5.23)$$

其中

$d(s_k)$：實驗結果值與帕累托前沿的最小歸一化距離；

S^P：帕累托解集；

a：問題的目標解；

$f_i^{\max}(\bullet), f_i^{\min}(\bullet)$：分別是最大和最小的相對帕累托解集中第 i 個解；

$f_i(\cdot)$：第 i 個目標值。

Step 2：如果 $f_i^{\max}(\bullet) - f_i^{\min}(\bullet) = 0$，則令 $f_i^{\max}(\bullet) - f_i^{\min}(\bullet) = 0.5$。

Step 3：計算平均帕累托距離：

$$D_<(S^K) = \frac{1}{|S^P|} \sum d(s_k) \quad (5.24)$$

其中 $D_<(\cdot)$ 是實驗結果值與帕累托前沿的最小歸一化距離的最小平均值 S^K。如果 $D_<(\cdot)$ 非常小，則實驗結果值將會有一個好的分佈。

Step 4：計算標準偏差（SD）：

$$SD = \sqrt{\frac{\sum_{i=1}^{a}(x_i - \bar{x})^2}{a}} \quad (5.25)$$

其中 $\bar{x}$ 表示 a 的平均值。

[①] Pan Q, Wang L, Qian B. A novel differential evolution algorithm for bi-criteria no-wait flow shop scheduling problems [J]. Computers & Operations Research, 2009, 36 (8)：2498-2511.

表 5-4　GLNPSO-ff，PSO 和 GA 的模糊隨機環境下的結果比較

實驗類型	GLNPSO-ff (f_1^*, f_2^*)	GLNPSO-ff 平均運行時間（s）	PSO (f_1^*, f_2^*)	PSO 平均運行時間（s）	GA (f_1^*, f_2^*)	GA 平均運行時間（s）
模糊隨機	(1,330.55, 0.813,0)	13.16	(1,422.055, 0.713,0)	12.89	(1,448.037, 0.701,2)	20.97
隨機因素	(1,376.95, 0.810,5)	13.72	(1,401.809, 0.731,0)	13.01	(1,497.021, 0.720,7)	21.32
模糊因素	(1,343.61, 0.802,4)	13.29	(1,376.032, 0.690,3)	12.78	(1,481.825, 0.680,1)	19.01

2. 模型比較

目前還沒有研究同時考慮維護時間窗的調度問題的模糊性和隨機性。本節考慮兩個模型，一個忽略模糊性，一個忽略隨機性，其他條件與前面的模型一致。

首先，這裡考慮忽略隨機性的考慮彈性維護活動的單機調度模型。在這種情形下，每一個維護活動可能需要多個工人，每個工人又都有自己的時間安排。對於一般的考慮彈性維護活動的單機調度問題，時間窗的獲得主要通過諮詢統計。為了保證該方法的標準化和一致性，這裡從表 5-3 中為每一個維護活動隨機地選取一個時間窗，其他數據保持不變。按照 GLNPSO-ff 算法，得到

Interval 1：17 →4 →6 →3 →18 →9 →12 →23

Interval 2：8 →22 →1 →14 →13 →19 →5 →16

Interval 3：7 →15 →24

Interval 4：11 →2 →10

Interval 5：21 →20

在這種情況下，最小化加權完工時間總和為 1,343.61，最大的平均時效水平為 0.802,4。

另外，這裡再考慮忽略隨機性的考慮彈性維護活動的單機調度模型。例如，有時要求維護活動的開始時間是在第 1 個小時，即在第 60 分鐘開始對機器進行維護。可是，實際上不會要求不能相差一分一秒恰好是在第 60 分鐘開始維護機器，而是允許有一定的，譬如 10 分鐘的「寬容」。這時維護活動的開始時間不是一個「點」，而是一個「區間」。由 GLNPSO-ff 算法可得最小化加權完工時間總和為 1,376.95，最大的平均時效水平為 0.810,5。

Interval 1：17 →4 →6 →3 →18 →12 →9

Interval 2：23 →22 →8 →1 →14 →13 →19 →5 →16

Interval 3：7 →15 →24

Interval 4：2 →11 →10

Interval 5：21 →20

表 5-5 給出了 GLNPSO-ff, PSO 和 GA 算法在不同條件下的實驗結果。由此可見，儘管 GLNPSO-ff 算法比 PSO 算法運行的時間略長，但是它的實驗結果還是最優的。

表 5-5　　　　GLNPSO-ff, PSO 和 GA 算法性能比較

類型	算法	Max	Min	Avg	SD
模糊隨機環境	GLNPSO-ff	0.008	0.000	0.003	0.010
	PSO	0.951	0.000	0.012	0.102
	GA	0.143	0.000	0.011	0.612

5.4.2　多數值比較

為了與其他算法做比較，需要引入更多的例子。現將實例的構造方法簡述如下。

(1) 取 n 為 50, 100。

(2) p_i 是區間 [1, 5] 上的均勻分佈。

(3) w_i 是區間 [1, 2] 上的均勻分佈。

(4) 取 m 為 8, 16。

(5) 維護活動的時間窗是區間 [1, 2] 上的均勻分佈。

因為維護活動的時間窗為模糊隨機變量，即

$$\widetilde{\widetilde{e}}_k^e = \begin{cases} \widetilde{e}_{k,1}^e \text{ 概率為 } p_{k,1} \\ \widetilde{e}_{k,2}^e \text{ 概率為 } p_{k,2} \\ \widetilde{e}_{k,3}^e \text{ 概率為 } p_{k,3} \end{cases} = \begin{cases} (a_{k,1}, a_{k,2}, a_{k,3}) \text{ 概率為 } p_{k,1} \\ (b_{k,1}, b_{k,2}, b_{k,3}) \text{ 概率為 } p_{k,2} \\ (c_{k,1}, c_{k,2}, c_{k,3}) \text{ 概率為 } p_{k,3} \end{cases} \quad (5.26)$$

每一個 $\widetilde{\widetilde{e}}_k^e$ 或者 $\widetilde{\widetilde{l}}_k^e$ 都可以通過以下方法得到。

Step 1：$a_{k,2}$，$b_{k,2}$ 和 $c_{k,2}$ 是區間 $[A_k, A_k + 0.5]$ 上的隨機數。

Step 2：$a_{k+1,2}$，$b_{k+1,2}$ 和 $c_{k+1,2}$ 是區間 $[A_{k+1}, A_{k+1}+0.5] = [A_k+A_k, A_k+T_k+0.5]$ 上的隨機數。

Step 3：$a_{k,1}$ 和 $a_{k,3}$ 是區間 $[a_{k,2}-0.2, a_{k,2}+0.2]$ 上的隨機數，$b_{k,1}$ 和 $b_{k,3}$ 是區間 $[b_{k,2}-0.2, b_{k,2}+0.2]$ 上的隨機數，$c_{k,1}$ 和 $c_{k,3}$ 是區間 $[c_{k,2}-0.2, c_{k,2}+0.2]$ 上的隨機數。

Step 4：$p_{k,1}$，$p_{k,2}$ 和 $p_{k,3}$ 是區間 $[0, 1]$ 上的隨機數，並且 $p_{k,1}+p_{k,2}+p_{k,3}=1$；

Step 5：給定 A_1，T_1，T_k 服從區間 $[10, 12]$ 上的均勻分佈。

運行 10 次之後，最終結果如表 5-6 所示。從表中可以得知，不管 n 的取值為 50 還是 100，最好的運行結果還是由算法 GLNPSO-ff 所得。當 n 的取值為 50 時，GLNPSO-ff 算法運行結果為（5,328.507, 0.830,2），然而 PSO 算法所得的最小加權完工時間總和為 5,627.235 以及最大平均時效水平為 0.702,1，雖然 PSO 算法的運行時間最短，只有 20.89s。當工件的個數為 100 個時，GLNPSO-ff 算法的運行結果還是最優的。儘管 GA 算法的結果也比較好，但是費時太長。

表 5-6　GLNPSO-ff，PSO 和 GA 三種算法結果比較

n	m	GLNPSO-ff (f_1^*, f_2^*)	平均運行時間（s）	PSO (f_1^*, f_2^*)	平均運行時間（s）	GA (f_1^*, f_2^*)	平均運行時間（s）
50	8	(5,348.507, 0.830,2)	26.16	(5,627.235, 0.702,1)	20.89	(5,409.135, 0.775,1)	38.97
100	16	(20,917.077, 0.820,5)	57.72	(29,057.809, 0.730,9)	53.01	(21,971.077, 0.720,7)	110.32

5.5　小結

　　針對模糊隨機維護時間窗的單機調度問題，本書採用模糊隨機變量來描述維護時間窗的模糊性與隨機性，並綜合考慮決策者對生產計劃的加權完工時間和以及維護計劃的時效性的雙重目標。此問題是一個NP難的問題，無法用精確算法得出最優解。根據模型的特點，本書提出將FFD規則與WSPT規則相結合的改進粒子群算法（GLNPSO-ff）。通過與單純考慮模糊性與隨機性的實例分析比較發現，綜合考慮模糊隨機更接近實際。通過與傳統遺傳算法以及經典粒子群算法的比較，證明了GLNPSO-ff算法的有效性和科學性。

6 結論與展望

在當今快速變化的全球市場，為了減少工件的加工時間和保持高準時交貨性能，所有的公司都面臨越來越大的壓力。因此，有效的機器調度是實現這些目標的關鍵。機器調度問題是一類典型的組合優化問題，不僅在製造企業有著廣泛的實際意義，在公共事業管理、信息處理等方面也有著大量的應用。近幾十年來，研究人員已經在機器調度技術上取得了實質性的進步。然而，由於大多數機器調度問題是 NP 困難的，即完成解決方案的時間隨著規模的增加呈指數增長，在有效時間內尋找到一個最佳的解決方案仍然是一個艱鉅的任務。由於機器調度問題與計算機科學理論以及離散組合數學的聯繫密切，因此不僅是運籌學，管理學、計算機科學以及工程學界也對機器調度問題給予了極大的關注。隨著對經典的機器調度問題的深入研究，不斷湧現出大量更具有實際應用背景的新型機器調度問題。然而，隨著機器的使用時間持續增加，機器會產生磨損、腐蝕，進而導致機器快速衰退乃至停機。因此，對於製造企業的決策者而言，合理給機器安排維護計劃是十分必要的考慮。另外，現實生產中普遍存在不確定因素，這使得機器調度問題的求解的難度大幅度增加，同時也使得傳統機器調度理論與實際脫節。因此，如何在綜合考慮不確定性的情況下合理安排生產計劃與維護計劃的機器調度問題，有著重要的現實意義。

6.1 主要工作

随著高科技的發展與應用，作為現代製造企業主要部分的生產設備也日益趨向高科技化（高速化、自動化、大型化、精密化以及連續化）。生產設備的越來越多功能化，使其結構也隨之變得越來越複雜。然而，越是精密的設備，發生故障的概率也越高，因此基礎維護與專業維修必不可少。一旦機器發生故障，無法正常生產，就會給企業帶來巨大的利益損失。合理有效的維護計劃可以避免、減少甚至消除機器的故障所帶來的企業利潤損失，為現代製造企業的穩定、高效運行提供了堅實的保障。本書聯合考慮生產計劃與維護計劃，並將其視為有機的整體，能夠為機器公司與調度部門的決策者提供可行的參考方案。與此同時，本書還考慮了工件加工過程中的不確定因素以及維護時間窗的不確定。用三角模糊數來描述工件的加工時間的不確定性，對於維護時間窗的不確定性則採用模糊隨機變量，如此更加符合實際的生產狀況。本書的主要內容包括以下四個方面：

（1）結合模糊環境下的考慮維護時間的機器調度問題的需要，介紹了研究所必需的基礎理論內容，包括模糊不確定理論（模糊集、模糊隸屬度函數、模糊變量以及模糊數的運算準則）和啟發式智能算法（遺傳算法、粒子群優化算法以及化學反應優化算法的基本概念與算法流程）。通過歸納凝練這些關鍵要素，奠定了後續理論研究的夯實的基礎。

（2）針對模糊加工時間彈性維護的單機調度問題，採用威布爾分佈函數描述機器在運行過程中發生故障的時間的隨機性，推導了機器故障概率與故障發生時間之間的關係方程，引入帶樂觀−悲觀指標的期望算子對模糊參數進行清晰化處理。根據模型的特點，設計了基於二進制

編碼與序列編碼相結合的具有加權適應度的多目標遺傳算法，並以某車橋廠為案例進行了計算分析，結果證明了模型和算法的優化的有效性。通過與單獨考慮維護計劃與生產計劃的比較發現，聯合考慮維護計劃與生產計劃對提高製造企業的整體效率是有效的。

（3）針對模糊加工時間彈性維護的異序作業車間調度問題，運用模糊集的理論建立了相應的調度模型，並結合化學反應優化算法和模擬退火搜索算法，給出了一種求解模糊加工時間彈性維護時間的異序作業車間調度問題的混合算法框架。結合模糊加工時間以及彈性維護的問題特點，進一步地擴展了化學反應優化算法的四種基本基元反應，為提高其搜索能力，結合了模擬退火搜索算法，從而進一步提高了優化算法的性能。通過分析某車橋廠車橋加工過程的案例的比較結果證明了化學反應-模擬退火搜索算法的尋優能力。

（4）針對模糊隨機維護時間窗的單機調度問題，採用模糊隨機變量來描述維護時間窗的模糊性與隨機性，並綜合考慮決策者對生產計劃的加權完工時間和以及維護計劃的時效性的雙重目標。此問題是一個 NP-難的問題，無法用精確算法得出最優解。根據模型的特點，提出將 FFD 規則與 WSPT 規則相結合的改進粒子群算法（GLNPSO-ff）。通過與單純考慮模糊性與隨機性的實例分析比較發現，綜合考慮模糊隨機更接近實際。通過與傳統遺傳算法以及經典粒子群算法的比較，證明 GLNPSO-ff 算法的有效性和科學性。

6.2　本書創新點

本書以組合優化理論、模糊理論為指導，以決策科學理論為主要工具，以智能算法為主要技術，以實際決策問題為主線展開研究，機器調度問題為研究對象。該研究對象決定了本書必須以組合優化理論為指

導，才能保證研究具有實際意義。模糊環境下考慮維護時間的機器調度問題模型包括了模糊不確定性的描述，對模糊模型進行抽象，對一般性的模糊決策模型的性質進行討論，必須要用到模糊型不確定理論。由於聯合生產計劃與維護計劃的機器調度問題，即便是最簡單的單機情形也是 NP-難的問題，因此本書中提出的三個模型都難以用普通方法找到最優解，因此必須借助智能算法求解技術。本書主要有以下三個方面的創新點。

（1）本書聯合考慮了機器調度問題中的模糊因素與維護因素。通過文獻分析，偏向於模糊環境下的調度問題以及考慮維護時間的調度問題的研究居多。絕大部分單純考慮模糊因素或者維護因素的機器調度問題是難以在多項式時間內求得最優解，因此綜合這兩個因素到同一個調度問題的求解難度更大，因此，與此問題相關的文獻也特別少。本書給出了三個綜合考慮模糊性與機器維護的調度，並給出了相應的智能算法，為製造企業等決策者提供瞭解決辦法。

（2）本書綜合研究了彈性維護計劃與生產計劃的聯合優化模型。通過模糊加工時間彈性維護活動的單機調度問題，模糊加工時間彈性維護活動的異序作業調度問題以及模糊隨機維護時間窗的單機調度問題研究，表明聯合考慮生產計劃與維護計劃的調度優化更加符合製造企業的生產情況。

（3）本書綜合考慮了彈性維護時間窗的模糊性與隨機性。隨著機器的精益化，機器的維護與修理的維修工人的要求越來越高，因此普通生產線上的工人往往無法完成機器的維護工作。這就要求機器的提供方派出專業的維修工人按照制訂好的維護計劃對機器實施維護計劃。因此，在維護時間窗的設置上同時存在隨機性與不確定性。本書通過研究單機情形下的模糊隨機維護時間窗問題，給出了相應的優化算法以及優化結果。結果表明，考慮模糊隨機的現象是十分必要的。

6.3　後續研究

　　本書較為深入地研究了三個模糊環境下考慮維護時間的機器調度問題，並且為這些問題提供了求得最優解啟發式智能算法，形成了一些有價值的研究成果，但本書的研究還可以在某些方面進一步深入與完善。後續的研究工作可以在以下幾個方面進行展開。

　　（1）本書探討的維修計劃是基於機器故障時間服從 Weibull 分佈假設的可靠性理論。然而，在具體的維護實踐中，還需要進一步探討和研究單臺機器的故障規律及特性。隨著現代製造企業的發展，企業的類型也發生著變化，有按訂單生產的，有按批量生產的，有按庫存生產的，也有的進行連續生產。本書討論的問題都是基於按訂單生產的，因此，對於其他生產類型的機器調度問題可以繼續並深入研究。

　　（2）本書主要討論了與生產效率相關的最小總完工時間、最小化流程時間、與維護計劃相關的維護費用及維護時效水平等目標函數。其他諸如延遲時間、延誤時間、誤工工件數等目標函數沒有考慮，對於某些製造企業來說，這些目標函數可能更接近企業自身需求。隨著科學技術的發展，市場競爭日益激烈，客戶的需求愈來愈個性，現代製造企業對生產線的要求也愈來愈多，比如小批量多品種、交貨期準時、庫存量少。因此，決策者將準時交貨納入考核目標，即工件的完工時間比較交貨期提前（提前完工會占用一定的資金與庫存）或者延後（延後會導致合同違約從而失去顧客信譽等問題）都需要支付一定的懲罰費用。在現有假設條件下考慮此目標可以作為下一步的研究方向之一。

　　（3）下一步的研究還可以圍繞多代理機器調度問題在不同的不確定環境下採用不同的方法解決。本書考慮了模糊隨機維護時間窗的單機

調度問題，未來還可以拓展到模糊隨機維護時間窗的流水作業車間調度問題，模糊隨機維護時間窗的平行機調度問題以及模糊隨機維護時間窗的異序作業車間調度問題等。

參考文獻

[1] 安偉剛. 多目標優化方法研究及其工程應用 [D]. 西安：西北工業大學, 2005.

[2] 陳萍, 黃厚寬, 董興業. 求解卸裝一體化的車輛路徑問題的混合啓發式算法 [J]. 計算機學報, 2008, 31 (4)：565-573.

[3] 範靜, 楊啓帆. 機器帶準備時間的三臺平行機排序問題的線性時間算法 [J]. 浙江大學學報 (理學版), 2005, 32 (3)：258-263.

[4] 季敏, 何勇. 帶核集分割問題的一個改進近似算法 [J]. 系統工程理論與實踐, 2003 (12)：110-115.

[5] 紀樹新. 基於遺傳算法的車間作業調度系統研究 [D]. 杭州：浙江大學, 1997.

[6] 紀樹新, 錢積新. 車間作業調度遺傳算法中的編碼研究 [J]. 信息與控制, 1997, 26 (5)：393-400.

[7] 廖雯竹, 潘爾順, 奚立峰. 基於設備可靠性的動態預防維護策略 [J]. 上海交通大學學報, 2009, 43 (8)：1332-1336.

[8] 馬英. 考慮維護時間的機器調度問題研究 [D]. 合肥：合肥工業大學, 2010.

[9] 潘全科, 朱劍英. 解決無等待流水線調度問題的變鄰域搜索算法 [J]. 中國機械工程, 2006, 17 (16)：1741-1743.

[10] 宋莉波, 徐學軍, 孫延明, 等. 一種求解柔性工作車間調度問題的混合遺傳算法 [J]. 管理科學學報, 2010, 13 (11)：49-54.

[11] 宋曉宇, 朱雲龍, 尹朝萬, 等. 應用混合蟻群算法求解模糊作

業車間調度問題 [J]. 計算機集成製造系統, 2007, 13 (1): 105-109.

[12] 唐國春. 排序, 經典排序和新型排序 [J]. 數學理論與應用, 1999, 19 (3): 16-21.

[13] 唐國春. 排序論基本概念綜述 [J]. 重慶師範大學學報 (自然科學版), 2012, 29 (4): 1-11.

[14] 王成堯, 高麟, 汪定偉. 模糊加工時間調度問題的研究 [J]. 系統工程學報, 1999, 14 (3): 238-242.

[15] 王成堯, 汪定偉. 單機模糊加工時間下最遲開工時間調度問題 [J]. 控制與決策, 2000, 15 (1): 71-74.

[16] 王偉玲, 李鐵克, 施燦濤. 一種求解作業車間調度問題的文化遺傳算法 [J]. 中國機械工程, 2010 (3): 303-309.

[17] 吳悅, 汪定偉. 用模擬退火法解任務的加工時間為模糊區間數的單機提前/拖期調度問題 [J]. 信息與控制, 1998, 27 (5): 394-400.

[18] 吳悅, 汪定偉. 用遺傳算法解模糊交貨期下 flow shop 調度問題 [J]. 系統工程理論與實踐, 2000, 20 (2): 108-112.

[19] 希勝. 以可靠性為中心的維修決策模型 [M]. 北京: 國防工業出版社, 2007.

[20] 謝志強, 劉勝輝, 喬佩利. 基於 acpm 和 bfsm 的動態 job-shop 調度算法 [J]. 計算機研究與發展, 2003, 40 (7): 977-983.

[21] 謝志強, 楊靜, 楊光, 等. 可動態生成具有優先級工序集的動態 job-shop 調度算法 [J]. 計算機學報, 2008, 31 (3): 502-508.

[22] 楊曉梅, 曾建潮. 採用多個體交叉的遺傳算法求解作業車間問題 [J]. 計算機集成製造系統, 2004, 10 (9): 1114-1119.

[23] 張長水, 沈剛. 解 job-shop 調度問題的一個遺傳算法 [J]. 電子學報, 1995, 23 (7): 1-5.

[24] Adams J, Balas E, Zawack D. The shifting bottleneck procedure for job shop scheduling [J]. Management Science, 1988, 34 (3): 391-

401.

[25] Adiri I, Bruno J, Frostig E, et al. Single machine flow-time scheduling with a single breakdown [J]. Acta Informatica, 1989, 26 (7): 679-696.

[26] Aggoune R. Minimizing the makespan for the flow shop scheduling problem with availability constraints [J]. European Journal of Operational Research, 2004, 153 (3): 534-543.

[27] Aggoune R, Portmann M C. Flow shop scheduling problem with limited ma- chine availability: a heuristic approach [J]. International Journal of Production Economics, 2006, 99 (1): 4-15.

[28] Ahmadizar F, Hosseini L. Minimizing makespan in a single-machine schedul- ing problem with a learning effect and fuzzy processing times [J]. The International Journal of Advanced Manufacturing Technology, 2013, 65 (1-4): 581-587.

[29] Akhshabi M, Tavakkoli-Moghaddam R, Rahnamay-Roodposhti F. A hybrid particle swarm optimization algorithm for a no-wait flow shop scheduling prob- lem with the total flow time [J]. The International Journal of Advanced Manufac- turing Technology, 2014, 70 (5-8): 1181-1188.

[30] Akturk M S, Ghosh J B, Gunes E D. Scheduling with tool changes to mini- mize total completion time: a study of heuristics and their performance [J]. Naval Research Logistics (NRL), 2003, 50 (1): 15-30.

[31] Akturk M S, Ghosh J B, Gunes E D. Scheduling with tool changes to mini mize total completion time: basic results and spt performance [J]. European Jour nal of Operational Research, 2004, 157 (3): 784-790.

[32] Allaoui H, Artiba A, Elmaghraby S, et al. Scheduling of a two-machine flowshop with availability constraints on the first machine [J]. In-

ternational Jour nal of Production Economics, 2006, 99 (1): 16-27.

[33] Allaoui H, Lamouri S, Artiba A, et al. Simultaneously scheduling n jobs and the preventive maintenance on the two-machine flow shop to minimize the makespan [J]. International Journal of Production Economics, 2008, 112 (1): 161-167.

[34] Anglani A, Grieco A, Guerriero E, et al. Robust scheduling of par allel machines with sequence-dependent set-up costs [J]. European Journal of Op erational Research, 2005, 161 (3): 704-720.

[35] Balasubramanian J. Grossmann I E. Scheduling optimization under uncertainty-an alternative approach [J]. Computers & Chemical Engineering, 2003, 27 (4): 469-490.

[36] Barlow R, Hunter L. Optimum preventive maintenance policies [J]. Operations research, 1960, 8 (1): 90-100.

[37] Bays C. A comparison of next-fit, first-fit, and best-fit [J]. Communications of the ACM, 1977, 20 (3): 191-192.

[38] Breit J, Formanowicz P, Kubiak W, et al. Heuristic algorithms for the two-machine flowshop with limited machine availability [J]. Omega, 2001, 29 (6): 599-608.

[39] Breit J. An improved approximation algorithm for two-machine flow shop scheduling with an availability constraint [J]. Information Processing Letters, 2004, 90 (6): 273-278.

[40] Breit J. A polynomial-time approximation scheme for the two-machine flow shop scheduling problem with an availability constraint [J]. Computers & Operations Research, 2006, 33 (8): 2143-2153.

[41] Breit J. Improved approximation for non-preemptive single machine flow-time scheduling with an availability constraint [J]. European Journal of Operational Research, 2007, 183 (2): 516-524.

[42] Brucker P, Werner F. Complexity of shop-scheduling problems with fixed number of jobs: a surey [J]. Mathematical Methods of Operations Research 2007, 65 (3): 461-481.

[43] Cassady C R, Kutanoglu E. Minimizing job tardiness using integrated preven tive maintenance planning and production scheduling [J]. IIE Transactions, 2003, 35 (6): 503-513.

[44] Chan F, Wong T, Chan L. Flexible job-shop scheduling problem under re source constraints [J]. International Journal of Production Research, 2006, 44 (11): 2071-2089.

[45] Chen J. Single-machine scheduling with flexible and periodic maintenance [J]. Journal of the Operational Research Society, 2006, 57 (6): 703-710.

[46] Chen J. Optimization models for the machine scheduling problem with a single flexible maintenance activity [J]. Engineering Optimization, 2006, 38 (1): 53-71.

[47] Chen J. Optimization models for the tool change scheduling problem [J]. Omega, 2008, 36 (5): 888-894.

[48] Chen J. Scheduling of nonresumable jobs and flexible maintenance activities on a single machine to minimize makespan [J]. European Journal of Operational Research, 2008, 190 (1): 90-102.

[49] Chen M, Feldman R M. Optimal replacement policies with minimal repair and age-dependent costs [J]. European Journal of Operational Research, 1997, 98 (1): 75-84.

[50] Cheng T E, Liu Z. 32-approximation for two-machine no-wait flowshop scheduling with availability constraints [J]. Information Processing Letters, 2003, 88 (4): 161-165.

[51] Cheng T E, Liu Z. Approximability of two-machine no-wait flow-

shop scheduling with availability constraints [J]. Operations Research Letters, 2003, 31 (4): 319-322.

[52] Cheng T E, Wang G. An improved heuristic for two-machine flowshop scheduling with an availability constraint [J]. Operations Research Letters, 2000, 26 (5): 223-229.

[53] Colubi A, Domınguez-Menchero J S, López-Dıaz M, et al. On the formalization of fuzzy random variables [J]. Information Sciences, 2001, 133 (1): 3-6.

[54] Deb K, Agrawal S, Pratap A, et al. A fast elitist non-dominated sorting genetic algorithm for multi-objective optimization: Nsga-ii [J]. Lecture Notes in Computer Science, 2000, 1917: 849-858.

[55] Dekker R. Applications of maintenance optimization models: a review and analysis [J]. Reliability Engineering & System Safety, 1996, 51 (3): 229-240.

[56] Dell'Amico M, Martello S. Bounds for the cardinality constrained ?｜｜? max problem [J]. Journal of Scheduling, 2001, 4 (3): 123-138.

[57] Dubois D, Prade H. Possibility Theory [M]. Berlin: Springer, 1988.

[58] Eberhart R C, Shi Y. Particle swarm optimization: developments, applications and resources [J]. Proceedings of the Congress on Evolutionary Computation, 2001, 1: 81-86.

[59] Engin O, Go¨zens. Parallel machine scheduling problems with fuzzy process- ing time and fuzzy duedate: An application in an engine valve manufacturing process [J]. Multiple-Valued Logic and Soft Computing, 2009, 15 (2-3): 107-123.

[60] Espinouse M L, Formanowicz P, Penz B. Minimizing the makes-

pan in the two-machine no-wait flow-shop with limited machine availability [J]. Computers & Industrial Engineering, 1999, 37 (1): 497-500.

[61] Espinouse M L, Formanowicz P, Penz B. Complexity results and approxima tion algorithms for the two machine no-wait flow-shop with limited machine availability [J]. Journal of the Operational Research Society, 2001, 52 (1): 116-121.

[62] Fayad C, Petrovic S. A fuzzy genetic algorithm for real-world job shop scheduling [C]. Berlin: Springer, 2005.

[63] Fitouhi M C, Nourelfath M. Integrating noncyclical preventive maintenance scheduling and production planning for a single machine [J]. International Journal of Production Economics, 2012, 136 (2): 344-351.

[64] Fogel L J, Owens A J, Walsh M J. Artificial intelligence through simulated evolution [M]. New York: Wiley, 1966.

[65] Fortemps P. Job shop scheduling with imprecise durations: a fuzzy approach [J]. IEEE Transactions on Fuzzy Systems, 1997, 5 (4): 557-569.

[66] Gao J, Gen M, Sun L. Scheduling jobs and maintenances in flexible job shop with a hybrid genetic algorithm [J]. Journal of Intelligent Manufacturing, 2006, 17 (4): 493-507.

[67] Gao J, Sun L, Gen M. A hybrid genetic and variable neighborhood descent algorithm for flexible job shop scheduling problems [J]. Computers & Operations Research, 2008, 35 (9): 2892-2907.

[68] Garey M R, Johnson D S. Approximation algorithms for bin packing-An updated survey [J]. Springer Vienna, 1984, 283 (3): 49-106.

[69] Geng Z, ZOU Y. Study on job shop fuzzy scheduling problem based on genetic algorithm [J]. Computer Integrated Manufacturing Systems, 2002, 8 (8): 616-620.

[70] Ghrayeb O A. A bi criteria optimization: minimizing the integral value and spread of the fuzzy makespan of job shop scheduling problems [J]. Applied Soft Computing, 2003, 2 (3): 197-210.

[71] Gilmore P C, Gomory R E. Sequencing a one state-variable machine: A solvable case of the traveling salesman problem [J]. Operations Research, 1964, 12 (5): 655-679.

[72] Glover F, Kelly J P, Laguna M. Genetic algorithms and tabu search: hybrids for optimization [J]. Computers & Operations Research, 1995, 22 (1): 111-134.

[73] González-Rodríguez I, Puente J, Vela C R. A multiobjective approach to fuzzy job shop problem using genetic algorithms [C] //Lecture Notes in Comput er Science. Berlin: Springer, 2007: 80-89.

[74] González-Rodríguez I, Puente J, Vela C R, et al. Semantics of sched ules for the fuzzy job-shop problem [J]. IEEE Transactions on Systems, 2008, 38 (3): 655-666.

[75] González-Rodríguez I, Vela C R, Puente J. An evolutionary approach to designing and solving fuzzy job-shop problems [C] //Artificial Intelligence and Knowledge Engineering Applications: A Bioinspired Approach. Berlin: Springer, 2005: 74-83.

[76] González-Rodríguez I, Vela C R, Puente J. Study of objective functions in fuzzy job-shop problem [C] //Artificial Intelligence and Soft Computing-ICAISC. Berlin: Springer, 2006: 360-369.

[77] González-Rodríguez I, Vela C R, Puente J. A memetic approach to fuzzy job shop based on expectation model [C] //IEEE International on Fuzzy Systems Conference. Berlin: Springer, 2007, 1-6.

[78] Graves G H, Lee C Y. Scheduling maintenance and semiresumable jobs on a single machine [J]. Naval Research Logistics, 1999, 46

(7): 845-863.

[79] Graves S C. A review of production scheduling [J]. Operations Research, 1981, 29 (4): 646-675.

[80] Wang G, Qiao Z. Linear programming with fuzzy random variable coeffi cients [J]. Fuzzy Sets and Systems, 1993, 57 (3): 295-311.

[81] Hall N G, Sriskandarajah C. A survey of machine scheduling problems with blocking and no-wait in process [J]. Operations Research, 1996, 44 (3): 510-525.

[82] Han S, Ishii H, Fujii S. One machine scheduling problem with fuzzy duedates [J]. European Journal of Operational Research, 1994, 79 (1): 1-12.

[83] He Y, Zhong W, Gu H. Improved algorithms for two single machine scheduling problems [J]. Theoretical Computer Science, 2006, 363 (3): 257-265.

[84] Heilpern S. The expected value of a fuzzy number [J]. Fuzzy Sets and Systems, 1992, 47 (1): 81-86.

[85] Ho W H, Chen S H, Liu T K, et al. Design of robust-optimal output feedback controllers for linear uncertain systems using lmi-based approach and genetic algorithm [J]. Information Sciences, 2010, 180 (23): 4529-4542.

[86] Hu Y, Yin M, Li X. A novel objective function for job-shop scheduling prob lem with fuzzy processing time and fuzzy due date using differential evolution algorithm [J]. The International Journal of Advanced Manufacturing Technology, 2011, 56 (9-12): 1125-1138.

[87] Itoh T, Ishii H. Fuzzy duedate scheduling problem with fuzzy processing time [J]. InternationalTransactions in Operational Research, 1999, 6 (6): 639-647.

[88] Itoh T, Ishii H. One machine scheduling problem with fuzzy random due dates [J]. Fuzzy Optimization and DecisionMaking, 2005, 4 (1): 71-78.

[89] Ji M, He Y, Cheng T E. Single-machine scheduling with periodic maintenance to minimize makespan [J]. Computers & Operations Research, 2007, 34 (6): 1764-1770.

[90] Kacem I. Approximation algorithm for the weighted flow-time minimization on a single machine with a fixed non-availability interval [J]. Computers & Industrial Engineering, 2008, 54 (3): 401-410.

[91] Kacem I, Chu C. Efficient branch-and-bound algorithm for minimizing the weighted sum of completion times on a single machine with one availability constraint [J]. International Journal of Production Economics, 2008, 112 (1): 138-150.

[92] Kacem I, Chu C. Worst-case analysis of the wspt and mwspt rules for sin gle machine scheduling with one planned setup period [J]. European Journal of Operational Research, 2008, 187 (3): 1080-1089.

[93] Kacem I, Chu C, Souissi A. Single-machine scheduling with an availability constraint to minimize the weighted sum of the completion times [J]. Computers & Operations Research, 2008, 35 (3): 827-844.

[94] Kalczynski P J, Kamburowski J. On the neh heuristic for minimizing the makespan in permutation flow shops [J]. Omega, 2007, 35 (1): 53-60.

[95] Kalczynski P J, Kamburowski J. An improved neh heuristic to minimize makespan in permutation flow shops [J]. Computers & Operations Research, 2008, 35 (9): 3001-3008.

[96] Kaufmann A, Swanson D L. Introduction to the theory of fuzzy subsets [M]. NewYork: Academic Press New York, 1975.

[97] Kellerer H. Algorithms for multiprocessor scheduling with machine release times [J]. IIE Transactions, 1998, 30 (11): 991-999.

[98] Kennedy J. Particle swarm optimization [J]. Encyclopedia of Machine Learning, 2010, 760-766.

[99] Kennedy J, Kennedy J F, Eberhart R C. Swarm intelligence [M]. San Francisco: Morgan Kauf mann, 2001.

[100] Kirkpatrick S, Vecchi M, et al. Optimization by simmulated annealing [J]. Science, 1983, 220 (4598): 671-680.

[101] Koza J R, Rice J P. Genetic programming II: automatic discovery of reusable programs [J]. Operational Research, 1994, 1 (4): 80-89.

[102] Kruse R, Meyer K D. Statistics with vague data [J]. Theory & Decision Library, 1987 (38).

[103] Kubiak W, Formanowicz P, Breit J, et al. Two-machine flow shops with limited machine availability. European Journal of Operational Research, 2002, 136 (3): 528-540.

[104] Kubzin M A, Potts C N, Strusevich V A. Approximation results for flow shop scheduling problems with machine availability constraints [J]. Computers & Operations Research, 2009, 36 (2): 379-390.

[105] Kumar U D, Crocker J, Knezevic J. Evolutionary maintenance for aircraft engines [J]. Reliability and Maintainability Symposium, 1999, 62-68.

[106] Lam A Y, Li V O. Chemical-reaction-inspired metaheuristic for optimization [J]. IEEE Transactions on Evolutionary Computation, 2010, 14 (3): 381-399.

[107] Lam A Y, Li V O. Chemical reaction optimization: A tutorial [J]. Memetic Computing, 2012, 4 (1): 3-17.

[108] Lam S, Cai X. Single machine scheduling with nonlinear lateness cost func tions and fuzzy due dates [J]. Nonlinear Analysis: Real World Applications, 2002, 3 (3): 307-316.

[109] Lau H C, Zhang C. Job scheduling with unfixed availability constraints [J]. Research Collection School of Information Systems, 2004.

[110] Lawler E L, Lenstra J K, Kan A H R, et al. Sequencing and scheduling: Algorithms and complexity [J]. Handbooks in Operations Research and Management Science, 1993, 4: 445-522.

[111] Lee C Y. Parallel machines scheduling with nonsimultaneous machine available time [J]. Discrete Applied Mathematics, 1991, 30 (1): 53-61.

[112] Lee C Y. Minimizing the makespan in the two-machine flowshop scheduling problem with an availability constraint [J]. Operations Research Letters, 1997, 20 (3): 129-139.

[113] Lee C Y. Two-machine flowshop scheduling with availability constraints [J]. European Journal of Operational Research, 1999, 114 (2): 420-429.

[114] Lee C Y, Chen Z. Scheduling jobs and maintenance activities on parallel machines [J]. Naval Research Logistics, 2000, 47 (2): 145-165.

[115] Lee C Y, Lei L, Pinedo M. Current trends in deterministic scheduling [J]. Annals of Operations Research, 1997, 70: 1-41.

[116] Lee C Y, Liman S D. Single machine flow-time scheduling with scheduled maintenance [J]. Acta Informatica, 1992, 29 (4): 375-382.

[117] Lee C Y, Liman S D. Capacitated two-parallel machines scheduling to minimize sum of job completion times. Discrete Applied Mathematics, 1993, 41 (3): 211-222.

[118] Lee E, Li R J. Comparison of fuzzy numbers based on the probability measure of fuzzy events [J]. Computers & Mathematics with Applications, 1988, 15 (10): 887-896.

[119] Lee I, Sikora R, Shaw M J. A genetic algorithm-based approach to flexible flow-line scheduling with variable lot sizes [J]. IEEE Transactions on Systems, Man, and Cybernetics, Part B: Cybernetics, 1997, 27 (1): 36-54.

[120] Lei D. Pareto archive particle swarm optimization for multi-objective fuzzy job shop scheduling problems [J]. The International Journal of Advanced Manufactur ing Technology, 2008, 37 (1-2): 157-165.

[121] Lei D. Fuzzy job shop scheduling problem with availability constraints [J]. Computers & Industrial Engineering, 2010, 58 (4): 610-617.

[122] Lei D. A genetic algorithm for flexible job shop scheduling with fuzzy processing time [J]. International Journal of Production Research, 2010, 48 (10): 2995- 3013.

[123] Lei D. Solving fuzzy job shop scheduling problems using random key genetic algorithm [J]. The International Journal of Advanced Manufacturing Technology, 2010, 49 (1-4): 253-262.

[124] Lei D. Scheduling fuzzy job shop with preventive maintenance through swarm- based neighborhood search [J]. The International Journal of Advanced Manufacturing Technology, 2011, 54 (9-12): 1121-1128.

[125] Lei D. Co evolutionary genetic algorithm for fuzzy flexible job shop scheduling [J]. Applied Soft Computing, 2012, 12 (8): 2237-2245.

[126] Lei D, Guo X. Swarm-based neighbourhood search algorithm for fuzzy flexible job shop scheduling [J]. International Journal of Production Research, 2012, 50 (6): 1639-1649.

[127] Lei D, Wu Z. Research on multi-objective fuzzy job shop scheduling [J]. Com puter Integrated Manufacturing Systems, 2006, 12 (2): 174.

[128] Levin A, Mosheiov G, Sarig A. Scheduling a maintenance activity on parallel identical machines [J]. Naval Research Logistics, 2009, 56 (1): 33-41.

[129] Li B, Wang L. A hybrid quantum-inspired genetic algorithm for multiobjective flow shop scheduling [J]. IEEE Transactions on Systems, Man, and Cybernetics, Part B: Cybernetics, 2007, 37 (3): 576-591.

[130] Li F, Zhu Y, Yin C, et al. Fuzzy programming for multiobjective fuzzy job shop scheduling with alternative machines through genetic algorithms [C] //Advances in Natural Computation. Berlin: Springer, 2005: 992-1004.

[131] Li J, Pan Q. Chemical-reaction optimization for flexible job-shop scheduling problems with maintenance activity [J]. Applied Soft Computing, 2012, 12 (9): 2896-2912.

[132] Li J, Pan W, Liang Y. An effective hybrid tabu search algorithm for multi- objective flexible job-shop scheduling problems [J]. Computers & Industrial Engineering, 2010, 59 (4): 647-662.

[133] Li J, Pan Y. A hybrid discrete particle swarm optimization algorithm for solv- ing fuzzy job shop scheduling problem [J]. The International Journal of Advanced Manufacturing Technology, 2013, 66 (1-4): 583-596.

[134] Li X, Ishii H, Chen M. Batch scheduling problem with due-date and fuzzy precedence relation [J]. Kybernetika, 2012, 48 (2): 346-356.

[135] Liao C, Chen C, Lin C. Minimizing makespan for two parallel

machines with job limit on each availability interval [J]. Journal of the Operational Research Society, 2007, 58 (7): 938-947.

[136] Liao C, Shyur D, Lin C. Makespan minimization for two parallel machines with an availability constraint [J]. European Journal of Operational Research, 2005, 160 (2): 445-456.

[137] Lin C, Liao C. Makespan minimization for two parallel machines with an unavailable period on each machine [J]. The International Journal of Advanced Manufacturing Technology, 2007, 33 (9-10): 1024-1030.

[138] Lin F. A job-shop scheduling problem with fuzzy processing times [J]. Computational Science, 2001, 409-418.

[139] Lin F. Fuzzy job-shop scheduling based on ranking level (?, 1) intervalvalued fuzzy numbers [J]. IEEE Transactions on Fuzzy Systems, 2002, 10 (4): 510-522.

[140] Liu J. Application of optimization genetic algorithm in fuzzy job shop scheduling problem [J]. Intelligent Systems, 2009 (1): 436-440.

[141] Liu Y, Liu B. Fuzzy random variables: A scalar expected value operator [J]. Fuzzy Optimization and Decision Making, 2003, 2 (2): 143-160.

[142] López-Diaz M, Gil M A. Constructive definitions of fuzzy random variables [J]. Statistics &probability letters, 1997, 36 (2): 135-143.

[143] Low C, Ji M, Hsu C J, et al. Minimizing the makespan in a single machine scheduling problems with flexible and periodic maintenance [J]. Applied Mathe matical Modelling, 2010, 34 (2): 334-342.

[144] Lu B, Chen H, Gu F, et al. Research of earliness/tardiness problem in fuzzy job-shop scheduling [J]. Journal of Systems Engineering, 2006, 6: 013.

[145] Luhandjula M. Fuzziness and randomness in an optimization

framework [J]. Fuzzy Sets and Systems, 1996, 77 (3): 291-297.

[146] Marinakis Y, Marinaki M. Particle swarm optimization with expanding neigh borhood topology for the permutation flowshop scheduling problem [J]. Soft Computing, 2013, 17 (7): 1159-1173.

[147] McCahon C, Lee E S. Job sequencing with fuzzy processing times [J]. Computers & Mathematics withApplications, 1990, 19 (7): 31-41.

[148] Metropolis N, Rosenbluth A W, Rosenbluth M N, et al. Equation of state calculations by fast computing machines [J]. The Journal of Chemical Physics, 1953, 21 (6): 1087-1092.

[149] Mok P, Kwong C, Wong W K. Optimisation of fault-tolerant fabric-cutting schedules using genetic algorithms and fuzzy set theory [J]. European Journal of Operational Research, 2007, 177 (3): 1876-1893.

[150] Mosheiov G, Sarig A. A note: Simple heuristics for scheduling a mainte nance activity on unrelated machines [J]. Computers & Operations Research, 2009, 36 (10): 2759-2762.

[151] Mosheiov G, Sarig A. Scheduling a maintenance activity to minimize total weighted completion-time [J]. Computers & Mathematics with Applications, 2009, 57 (4): 619-623.

[152] Naderi-Beni M, Ghobadian E, Ebrahimnejad S, et al. Fuzzy bi-objective formulation for a parallel machine scheduling problem with machine eligibility restrictions and sequence-dependent setup times [J]. Interna tional Journal of Production Research, 2014, 52 (19): 5799-5822.

[153] Nawaz M, Enscore E E, Ham I. A heuristic algorithm for the m-machine, n-job flow-shop sequencing problem [J]. Omega, 1983, 11 (1): 91-95.

[154] Ng C, Kovalyov M Y. An fptas for scheduling a two-machine

flowshop with one unavailability interval [J]. Naval Research Logistics, 2004, 51 (3): 307-315.

[155] Niu Q, Jiao B, Gu X. Particle swarm optimization combined with genetic operators for job shop scheduling problem with fuzzy processing time [J]. Applied Mathematics and Computation, 2008, 205 (1): 148-158.

[156] Pan E, Liao W, Zhuo M. Periodic preventive maintenance policy with infinite time and limit of reliability based on health index [J]. Journal of Shanghai Jiaotong University (Science), 2010, 15: 231-235.

[157] Pan Q, Wang L, Qian B. A novel differential evolution algorithm for bi-criteria no-wait flow shop scheduling problems [J]. Computers & Operations Research, 2009, 36 (8): 2498-2511.

[158] Panwalkar S S, Iskander W. A survey of scheduling rules [J]. Operations Research, 1977, 25 (1): 45-61.

[159] Peng J, Liu B. Parallel machine scheduling models with fuzzy processing times [J]. Information Sciences, 2004, 166 (1): 49-66.

[160] Petrovic S, Fayad C, Petrovic D. Sensitivity analysis of a fuzzy multiobjective scheduling problem [J]. International Journal of Production Research, 2008, 46 (12): 3327-3344.

[161] Petrovic S, Fayad C, Petrovic D, et al. Fuzzy job shop scheduling with lot-sizing [J]. Annals of Operations Research, 2008, 159 (1): 275-292.

[162] Pezzella F, Morganti G, Ciaschetti G. A genetic algorithm for the flexible job- shop scheduling problem [J]. Computers & Operations Research, 2008, 35 (10): 3202-3212.

[163] Pongchairerks P. Particle swarm optimization algorithm applied to scheduling problems [J]. Science Asia, 2009, 35 (1): 89-94.

[164] Prade H. Using fuzzy set theory in a scheduling problem: a case study [J]. Fuzzy Sets and Systems, 1979, 2 (2): 153-165.

[165] Puente J, Vela C R, Hernández-Arauzo A, et al. Improving local search for the fuzzy job shop using a lower bound [C] //Current Topics in Artificial Intelligence. Berlin: Springer, 2010: 222-232.

[166] Puri M L, Ralescu D A. Fuzzy random variables [J]. Journal of mathematical analysis and applications, 1986, 114 (2): 409-422.

[167] Qi X. A note on worst-case performance of heuristics for maintenance scheduling problems [J]. Discrete Applied Mathematics, 2007, 155 (3): 416-422.

[168] Qi X, Chen T, Tu F. Scheduling the maintenance on a single machine [J]. Journal of the Operational Research Society, 1999, 1071-1078.

[169] Qiao W, Wang B, Sun J. Uncertain job shop scheduling problems solved by genetic algorithm [J]. Computer Integrated Manufacturing Systems, 2007, 13 (12): 2452.

[170] Quanyong J, Jianying Z. Study of fuzzy job shop scheduling problems with dualresource and multiprocess routes [J]. Mechanical Science and Technology, 2006, 12: 009.

[171] Reeves C R. A genetic algorithm for flowshop sequencing [J]. Computers & Operations Research, 1995, 22 (1): 5-13.

[172] Reineke D M, Murdock Jr W, Pohl E, et al. Improving availability and cost performance for complex systems with preventive maintenance [J]. Reliability and Maintainability Symposium, 1999, 383-388.

[173] Rosa J L, Robin A, Silva M, et al. Electrodeposition of copper on titanium wires: Taguchi experimental design approach [J]. Journal of Materials Processing Technology, 2009, 209 (3): 1181-1188.

[174] Roy B. Robustness in operational research and decision aiding: A multi faceted issue [J]. European Journal of Operational Research, 2010, 200 (3): 629-638.

[175] Roy B, Vincke P. Relational systems of preference with one or more pseudo-criteria: Some new concepts and results [J]. Management Science, 1984, 30 (11): 1323-1335.

[176] Sadfi C, Penz B, Rapine C, et al. An improved ap- proximation algorithm for the single machine total completion time scheduling problem with availability constraints [J]. European Journal of Operational Re search, 2005, 161 (1): 3-10.

[177] Sakawa M, Kubota R. Fuzzy programming for multiobjective job shop scheduling with fuzzy processing time and fuzzy duedate through genetic al gorithms [J]. European Journal of Operational Research, 2000, 120 (2): 393-407.

[178] Sakawa M, Kubota R. Two-objective fuzzy job shop scheduling through genet ic algorithm [J]. Electronics and Communications in Japan (Part III: Fundamental Electronic Science), 2001, 84 (4): 60-68.

[179] Sakawa M, Mori T. An efficient genetic algorithm for job-shop scheduling problems with fuzzy processing time and fuzzy duedate [J]. Computers & Indus trial Engineering, 1999, 36 (2): 325-341.

[180] Sanlaville E, Schmidt G. Machine scheduling with availability constraints [J]. ActaInformatica, 1998, 35 (9): 795-811.

[181] Sbihi M, Varnier C. Single–machine scheduling with periodic and flexible periodic maintenance to minimize maximum tardiness [J]. Computers & Industrial Engineering, 2008, 55 (4): 830-840.

[182] Schmidt G. Scheduling with limited machine availability [J]. European Journal of Operational Research, 2000, 121 (1): 1-15.

[183] Shapiro J F. Mathematical programming models and methods for production planning and scheduling [J]. Handbooks in Operations Research and Management Science, 1993, 4: 371-443.

[184] Sherif Y, Smith M. Optimal maintenance models for systems subject to failure-a review [J]. Naval Research Logistics Quarterly, 1981, 28 (1): 47-74.

[185] Shi L, Olafsson S. Nested partitions method for global optimization [J]. Operations Research, 2000, 48 (3): 390-407.

[186] Smith W E. Various optimizers for single-stage production [J]. Naval Research Logistics Quarterly, 1956, 3 (1-2): 59-66.

[187] Hark-Chin Hwang, Soo Chang. The worst-case analysis of the multifit algorithm for scheduling nonsimultaneous parallel machines [J]. Discrete Applied Mathematics, 1999, 92 (2): 135-147.

[188] Sortrakul N, Nachtmann H L, Cassady C R. Genetic algorithms for inte grated preventive maintenance planning and production scheduling for a single machine [J]. Computers in Industry, 2005, 56 (2): 161-168.

[189] Sowinski R, Hapke M. Scheduling under fuzziness. Physica - Verlag, 2000.

[190] Sun K, Li H. Scheduling problems with multiple maintenance activities and non-preemptive jobs on two identical parallel machines [J]. International Journal of Production Economics, 2010, 124 (1): 151-158.

[191] Tang J, Pan Z, Fung R Y, et al. Vehicle routing problem with fuzzy time windows [J]. Fuzzy Sets and Systems, 2009, 160 (5): 683-695.

[192] Tavakkoli-Moghaddam R, Azarkish M, Sadeghnejad-Barkousaraie A. A new hybrid multi-objective pareto archive pso algorithm for a bi-objective job shop scheduling problem [J]. Expert Systems with Applica-

tions, 2011, 38 (9): 10812-10821.

[193] Tavakkoli-Moghaddam R, Safaei N, Kah M. Accessing feasible space in a generalized job shop scheduling problem with the fuzzy processing times: a fuzzy-neural approach [J]. Journal of the Operational Research Society, 2008, 59 (4): 431-442.

[194] Van den Bergh F, Engelbrecht A P. A convergence proof for the particle swarm optimiser [J]. Fundamenta Informaticae, 2010, 105 (4): 341-374.

[195] Vanegas L, Labib A. Application of new fuzzy-weighted average (nfwa) method to engineering design evaluation [J]. International Journal of Production Research, 2001, 39 (6): 1147-1162.

[196] Wang C, Wang D, Ip w, et al. The single machine ready time scheduling problem with fuzzy processing times [J]. Fuzzy sets and systems, 2002, 127 (2): 117-129.

[197] Wang G, Cheng T E. Heuristics for two-machine no-wait flow-shop scheduling with an availability constraint [J]. Information Processing Letters, 2001, 80 (6): 305-309.

[198] Wang L. Shop scheduling with genetic algorithms [J]. Tsinghua University & Springer Press, Beijing, 2003.

[199] Wang S, Wang L, Xu Y, et al. An effective estimation of distribution algo rithm for the flexible job-shop scheduling problem with fuzzy processing time [J]. International Journal of Production Research, 2013, 51 (12): 3778-3793.

[200] Wang X, Cheng T E. An approximation scheme for two-machine flowshop scheduling with setup times and an availability constraint [J]. Computers & Operations Research, 2007, 34 (10): 2894-2901.

[201] Wang X, Cheng T E. Heuristics for two-machine flowshop

scheduling with setup times and an availability constraint [J]. Computers & Operations Research, 2007, 34 (1): 152-162.

[202] Wang X, Gao L, Zhang C, et al. A multi-objective genetic algorithm for fuzzy flexible job-shop scheduling problem [J]. International Journal of Computer Applications in Technology, 2012, 45 (2): 115-125.

[203] Wu C, Li D, Tsai T I. Applying the fuzzy ranking method to the shifting bottleneck procedure to solve scheduling problems of uncertainty [J]. The International Journal of Advanced Manufacturing Technology, 2006, 31 (1-2): 98-106.

[204] Xia W, Wu Z. An effective hybrid optimization approach for multi-objective flexible job-shop scheduling problems [J]. Computers & Industrial Engineering, 2005, 48 (2): 409-425.

[205] Xie J, Wang X. Complexity and algorithms for two-stage flexible flowshop scheduling with availability constraints [J]. Computers & Mathematics with Applications, 2005, 50 (10): 1629-1638.

[206] Xu D, Sun K, Li H. Parallel machine scheduling with almost periodic main- tenance and non-preemptive jobs to minimize makespan [J]. Computers & Operations Research, 2008, 35 (4): 1344-1349.

[207] Xu D, Yin Y, Li H. A note on「scheduling of nonresumable jobs and flexible maintenance activities on a single machine to minimize makespan」[J]. European Journal of Operational Research, 2009, 197 (2): 825-827.

[208] Xu J, Ni J, Zhang M. Constructed wetland planning-based bi-level optimization model under fuzzy random environment: Case study of chaohu lake [J]. Jour nal of Water Resources Planning and Management, 2015 (3).

[209] Xu J, Tu Y, Lei X. Applying multiobjective bilevel optimization

under fuzzy random environment to traffic assignment problem: Case study of a large-scale construction project [J]. Journal of Infrastructure Systems, 2013, 20 (3).

[210] Xu J, Zhou X. Fuzzy-like multiple objective decision making [M]. Berlin: Springer, 2011.

[211] 辻村泰寬, 玄光男, 久保田えりか. Solving job-shop scheduling problem with fuzzy processing time using genetic algorithm [J]. 日本ファジィ學會誌, 1995, 7 (5): 1073-1083.

[212] Yang D, Hung C, Hsu C J, et al. Minimizing the makespan in a single machine scheduling problem with a flexible maintenance [J]. Journal of the Chinese Institute of Industrial Engineers, 2002, 19 (1): 63-66.

[213] Yao J, Wu K. Ranking fuzzy numbers based on decomposition principle and signed distance [J]. Fuzzy sets and Systems, 2000, 116 (2): 275-288.

[214] Yeh W C, Lai P J, Lee W C, et al. Parallel-machine scheduling to minimize makespan with fuzzy processing times and learning effects [J]. Information Sciences, 2014, 269: 142-158.

[215] Yong H. The lpt-bound of parallel machines scheduling with nonsimultane ous machine available time [J]. Journal Of Zhejiang University (Natural Science), 1996 (3).

[216] Yong H. The multifit algorithm for set partitioning containing kernels [J]. Applied Mathematics-A Journal of Chinese Universities, 1999, 14 (2): 227-232.

[217] Zadeh L A. Fuzzy sets [J]. Information and Control, 1965, 8 (3): 338-353.

[218] Zadeh L A. The concept of a linguistic variable and its application to approx imate reasoning [M]. Berlin: Springer, 1974.

[219] Zhang G, Shao X, Li P, eet al. An effective hybrid particle swarm opti- mization algorithm for multi-objective flexible job-shop scheduling problem [J]. Computers & Industrial Engineering, 2009, 56 (4): 1309-1318.

[220] Zheng Y, Li Y. Artificial bee colony algorithm for fuzzy job shop scheduling [J]. International Journal of Computer Applications in Technology, 2012, 44 (2): 124-129.

[221] Zheng Y, Li Y, Lei D. Multi-objective swarm-based neighborhood search for fuzzy flexible job shop scheduling [J]. The International Journal of Advanced Manufacturing Technology, 2012, 60 (9-12): 1063-1069.

[222] H. J. Zimmermann. Fuzzy set theory and its applications [M]. Berlin: Springer Science & Business Media, 2001.

[223] Zitzler E, Deb K, Thiele L. Comparison of multiobjective evolutionary algorithms: Empirical results [J]. Evolutionary Computation, 2000, 8 (2): 173-195.

國家圖書館出版品預行編目(CIP)資料

不確定環境下的機器調度問題研究/ 聶玲 著.-- 第一版.
-- 臺北市：崧博出版：財經錢線文化發行, 2018.10

面 ； 公分

ISBN 978-957-735-556-0(平裝)

1.生產管理

494.5　　　　107016715

書　名：不確定環境下的機器調度問題研究
作　者：聶玲 著
發行人：黃振庭
出版者：崧博出版事業有限公司
發行者：財經錢線文化事業有限公司
E-mail：sonbookservice@gmail.com
粉絲頁　　　　　　網　址：
地　址：台北市中正區延平南路六十一號五樓一室
8F.-815, No.61, Sec. 1, Chongqing S. Rd., Zhongzheng Dist., Taipei City 100, Taiwan (R.O.C.)
電　話：(02)2370-3310　傳　真：(02) 2370-3210
總經銷：紅螞蟻圖書有限公司
地　址：台北市內湖區舊宗路二段 121 巷 19 號
電　話：02-2795-3656　傳　真：02-2795-4100　網址：
印　刷：京峯彩色印刷有限公司（京峰數位）

　　本書版權為西南財經大學出版社所有授權崧博出版事業有限公司獨家發行電子書及繁體書繁體版。若有其他相關權利及授權需求請與本公司聯繫。

定價：350元

發行日期：2018 年 10 月第一版

◎ 本書以POD印製發行